Docker
工作現場
實戰寶典

獻給 *Emily*、*Zander* 及 *Maddox*。

— *Ken Cochrane*

獻給 *Pethuru Raj Chelliah* 博士，我的導師，
他重燃了我的技術魂，並持續地讓我挑戰新的技術。

— *Jeeva S. Chelladhurai*

貢獻者

Contributors

關於作者

Ken Cochrane 是一位 IT 專家，在組織中有建立大型應用程式與平台超過 15 年的經驗。Ken 之前是 Docker 的創始團隊成員，它領導了 Docker Hub 以及 Docker for AWS 產品的開發。作為一位早期的團隊成員，從 Docker Engine 到製作文件都有參與。Ken 也協助在紐約、波士頓、以及緬因波特蘭建立 Docker meetup 群組。目前 Ken 在 WEX 工作，這是一個全球化的支付公司，他領導一個團隊，並協助現代化他們的技術堆疊，使用容器把產品移到雲端並自動化開發線程。他現在和妻子 Emily 以及兩個兒子 Zander 和 Maddox 住在南緬因。他的 Twitter 帳號是 @kencochrane。

我想要感謝我的妻子 *Emily*，以及我的兩個兒子 *Zander* 和 *Maddox*，給我時間編寫本書；同時，我的雙親為我買了我的第一台電腦，並且讓我把許多的空閒時間都花在它上面。我也要感謝 *Solomon Hykes*，以及 *Sam Alba* 給我這個機會並雇用我到 *dotCloud*，以及讓我成為 *Docker* 的一員。

Jeeva S. Chelladhurai 過去八年在印度的 IBM Global Cloud Center of Excellenge（CoE）工作，是一位 DevOps 專家。他在 IT 界具有超過二十年的經驗。在多項職務中，他在技術上管理和指導許多不同橫跨全球的團隊，打造未來的先驅電信產品。他擅長於 DevOps 以及雲端解決方案的遞送，尤其是聚焦在資料中心的最佳化、軟體定義環境（SDEs）、以及分散式應用程式開發、部署、以及使用最新的 Docker 技術派送。Jeeva 也是敏捷方法論、DevOps、以及 IT 自動化的強力擁護者。他從 Manonmaniam Sundaranar 大學取得電腦科學碩士學位，以及從波士頓大學取得專案管理的 graduate certificate。他為 IBM 解決方案架構師以及顧問們在 Docker 容器化技術用於建構可重用資源上有許多的幫助。

Neependra K Khare 是 CloudYuga 的創辦人以及高級顧問。CloudYuga 提供 Docker、Kubernetes、GO 程式設計等等的訓練與顧問業務。他是 Docker Captains 其中一位，也在巴爾的摩執行 Docker Meetup 群組大約四年的時間。在 2015 年，他編著了《*Docker Cookbook*》。在 2016 年，他和其他人在 Edx 為 Linux Foundation 共同製作了 Cloud Infrastructure Technologies 課程。最近，他也在 Edx 為 Linux Foundation 製作了 Kubernetes 課程。

關於審核者

Fabrizio Soppelsa 是三星電子的軟體工程師，任職於雲端計算部門。他也是一位 Docker 貢獻者以及 Docker 社群的領導者。他在開放雲端架構以及產品化容器工作負載方面有非常豐富的實務經驗，這些系統在世界級的指標性公司上執行。他在俄羅斯的莫斯科和 Anna 分享他的生活。

他是《*Docker Clustering with Swarm*》的作者，此書由 Packt 出版社出版（2017）。

Vishnu Gopal 是一位在產品開發、網站開發、以及工程管理上具有強力產品與使用者經驗技巧的工程師。他也是創建 SlideShare 公司初始團隊的一份子，這間公司後來被 LinkedIn 所收購。他已經在網站與行動開發領域工作超過 10 年。他目前是 SV.CO 的技術長，這是以印度為基地的學生產品加速器。他目前住在印度的科契。

> 我要感謝我的英語老師 *Deepa Pillai*，因為她的持續鼓勵及愛。就像是其他人一樣，我開始寫作是因為她教了我文字的價值，細心以及耐心的編修，以及最好的寫作就是改寫。我希望她永遠永遠可以保持年輕。

目錄
Contents

1 簡介與安裝

2 操作 Docker 容器

3 操作 Docker 映像檔

4 容器的網路與資料管理

5 應用案例

6 Docker API 和 SDK

7 Docker 效能

8 Docker 的協作及組織一個平台

9 Docker 安全性

10 求助、要訣和技巧

11 雲端上的 Docker

前言
Preface

因為 Docker，容器成為主流，而眾多企業都準備好要把它運用在產品上。
本書是特別設計為了幫助你與 Docker 一起加速，而且給你更多信心去把它
應用在產品上。本書涵蓋 Docker 的使用案例、協作、叢集、主機平台、安
全性、以及效能，這些將會幫助你瞭解在產品部署時一些不同的面向。

透過一步步地帶領你操作實用以及可上手的訣竅，《*Docker 工作現場實戰*
寶典》，不只可以幫助你使用 Docker（本書撰寫時為 18.06 版），書上的說
明內容也足以幫你應付未來小幅度的版本變更。

Docker 是 Docker 公司的註冊商標。

本書是為誰寫的？

本書的目標是針對開發者、系統管理人員、以及 DevOps 工程師，那些想
要把 Docker 應用在開發、QA、或是產品環境上的朋友們。

本書涵蓋的內容

第 1 章　簡介與安裝，比較裸機上的容器以及虛擬機器。本章協助你瞭解
Linux 啟用容器化的核心功能特色，最後，我們將會檢視安裝的一些訣竅。

第 2 章　操作 Docker 容器，解說一些你可以對 Docker 執行的各種操作，
像是啟動、停止、以及刪除。

第 3 章　操作 Docker 映像檔，向你介紹 Docker Hub，並展示如何透過 Docker Hub 分享映像檔，以及如何佈置你自己的 Docker registry。本章也將展示建立個人映像檔的方式，以及一些 Docker 映像檔的管理操作。

第 4 章　容器的網路與資料管理，教你如何從外面的世界存取容器，在容器間共享外部儲存，與執行在其他主機上的容器進行通訊等等。

第 5 章　應用案例，解說大部份 Docker 的應用案例，像是使用 Docker 於測試、CI/CD、以及設置一個 PaaS。

第 6 章　Docker API 和 SDK，深入 Docker API，並展示如何在 Docker 上使用 RESTful API 以及 SDK。在 Ubuntu 18.04 上的 curl 指令有一個 bug，所以在這一章中使用的是 Ubuntu 16.04 以及 Docker 17.03。

第 7 章　Docker 效能，解釋相關的研究，讓你可以據此比較 Docker 與裸機和虛擬機之間的效能。本章也包括監控工具的介紹。

第 8 章　Docker 的 協 作 及 組 織 一 個 平 台，提 供 Docker Compose 以 及 Swarm 的介紹，然後檢視 Kubernetes for Docker 的協作方法。

第 9 章　Docker 安全性，說明一般安全性的指引，SELinux for mandatory access control，以及其他安全功能像是 capabilities 以及共享命名空間。

第 10 章　求助、要訣和技巧，提供要訣和技巧，以及幫助你學習和 Docker 管理與開發的相關資源。

第 11 章　雲端上的 Docker，提供 Docker for AWS 以及 Docker for Azure 的介紹，包括如何利用它們部署一個應用程式。

如何從本書獲得最大效益

閱讀本書的讀者們需要有基礎的 Linux/Unix 技巧，像是安裝套件、編輯檔案、以及管理 services 等知識。

如果能夠有任一虛擬化技術，像是 KVM、XEN、以及 VMware 經驗的話，對於閱讀本書會更有助益。

下載範例檔案

本書範例檔案可至以下連結下載：

http://books.gotop.com.tw/download/ACA025200

本書使用慣例

整本書中使用了一些文字編排上的慣例，特別說明如下：

程式碼（CodeInText）
用來表示程式碼、資料庫表格名稱、資料夾名稱、檔案名稱、附加檔名、路徑名稱、URL、使用者的輸入、以及 Twitter handles。舉個例子：「掛載已下載的 WebStrom-10*.dmg 磁碟映像檔案作為系統的另外一部磁碟機。」

程式碼片段會以如下的方式顯示：

```
{
    "insecure-registries": [
      "172.30.0.0/16"
    ]
  }
```

當我們希望你特別注意到程式碼片段中某一個特定的地方，相關的行或項目會以粗體來標示：

```
{
      "insecure-registries": [
        "172.30.0.0/16"
      ]
   }
```

任一指令列的輸入或輸出會使用以下的型式：

```
$ docker image pull ubuntu
```

粗體（Bold）

用來標示新的詞彙、重要的文字、或是你在螢幕上會看到的文字。例如，在選單中的文字或是在對話盒中的文字。舉個例子：「請在 **Administration** 控制台中選擇 **System info**。」

 警告和注意事項會用這個圖示來標示。

 要訣和技巧則會使用這個圖示來標示。

本書的段落安排

在本書中，你將會發現許多經常出現的標題（備妥、如何做、如何辦到的、補充資訊、以及可參閱）

為了給你如何完成一個訣竅的清楚說明，我們會以如下所示的原則安排這些標題段落：

◉ 備妥

這個小節告訴你在這個訣竅中預期達到的目標，以及說明操作這個訣竅的任何需要設置的軟體或是前置設定作業。

◉ 如何做

這個小節說明操作的步驟。

◉ 如何辦到的

這個訣竅通常是一些對於前一個段落所完成之操作與執行結果的解說。

◉ 補充資訊

這個小節提供了關於這個訣竅的額外資訊，讓你可以學習到和這個訣竅相關的更多知識。

◉ 可參閱

這個小節提供你一些和這個訣竅有關的連結與參考資訊。

簡介與安裝

本章涵蓋以下主題

- 核對 Docker 安裝的需求

- 在 Ubuntu 上安裝 Docker

- 在 CentOS 上安裝 Docker

- 使用自動化腳本在 Linux 上安裝 Docker

- 安裝 Docker for Windows

- 安裝 Docker for Mac

- 提取映像檔並執行容器

- 加上一個用來管理 Docker 的非根使用者（nonroot user）

- 在 Docker 命令列中取得求助訊息

簡介

在資訊科技改革的初期，大部份的應用程式都是直接部署在實際的硬體上，並在此硬體上執行主機作業系統。因為只有一個使用者空間，在系統的執行期間，此空間是由所有的應用程式一起共享的。此種部署方式不但穩定且是以硬體為中心的長維護週期。大部份的情況下都是由 IT 部門所管理，並沒有提供開發者太多的彈性。此種情境下，在大部份時間中，硬體均未被充份利用。下圖描述了此種安裝方式的情境：

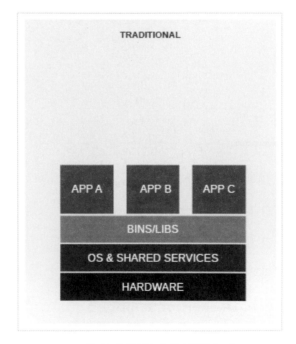

▲ 傳統應用程式的部署方式

為了提供更具彈性的部署方式，以及更有效地利用主機系統的資源，虛擬化技術應運而生。像是 KVM、XEN、ESX、Hypter-V 等這些 hypervisor，讓**虛擬機器（Virtual Machine, VM）**模擬硬體，然後部署 guest OS 在每一個虛擬機器上。虛擬機器上的作業系統可以和主機上的不一樣；這表示我們有責任負責管理修補檔案、安全性、以及該虛擬機器的效能。在虛擬化技術中，應用程式被隔離在虛擬機器層，而且被虛擬機器的生命週期所規範。此種方式讓我們在投資上能有比較好的回報，以及在日益增加的複雜度和機器備援上產生的成本更具有彈性。下面這張圖描述了一個典型的虛擬化環境：

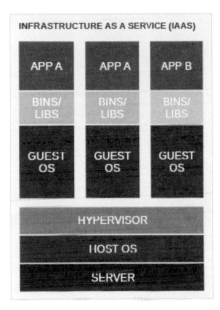

▲　在虛擬環境中的應用程式部署

由於虛擬化技術的發展，現在已經更偏向於以應用程式為主（application-centric）的 IT 流程了。我們已經移除了 hypervisor 層以減少硬體的模擬與複雜度。應用程式和它的執行環境打包在一起，然後使用容器（Container）來部署。OpenVZ、Solaris Zones、以及 LXC 都是使用容器技術的產品。相較於 VM 技術，容器比較缺乏彈性，舉例來說，目前的容器技術，還無法在 Linux 作業系統中執行 Microsoft Windows。容器也被認為沒有比 VM 來得安全，因為所有的容器都是在同一宿主作業系統中執行，如果其中有一個容器被入侵了，它可能有機會取得這個宿主作業系統的所有權限。容器在設置、管理、與自動化上也可能會比較複雜一些。這是為什麼在這些年中，我們還沒有看到容器被大量地運用的原因。下面這張圖展示了如何使用容器來部署應用程式的方式：

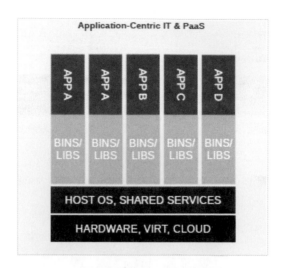

▲ 利用容器進行應用程式部署

因為 Docker，容器忽然成為了第一等公民。所有大型公司，像是 Google、Microsoft、RedHat、IBM 等等，現在都致力於讓容器變成主流。

Docker 是由 dotCloud 的創辦人 Solomon Hykes 所啟動的一個內部專案。它在 2013 年 3 月的時候被以 Apache 2.0 授權方式釋出為開放源碼（Open Source）。基於 dotCloud 的平台即服務（platform as a service）的經驗，Docker 的創辦人及工程師注意到執行容器的挑戰，因此，在 Docker 中發展出了一個管理容器的標準方式。

Docker 使用作業系統的底層核心功能來啟用容器化。下面這張圖描繪了 Docker 平台以及 Docker 所使用的核心功能。先來看看 Docker 使用的主要核心功能有哪些：

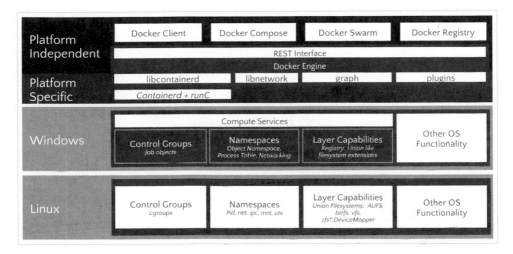

▲ Docker 平台以及被 Docker 使用的核心功能

◉ Namespaces（命名空間）

命名空間是容器的建構方塊。它有許多種類，每一種都可以把應用程式和其他應用程式隔離開來。這些命名空間由複製系統呼叫（clone system call）的方式建立。你也可以附加到現有的命名空間中。其中一些 Docker 所使用到的命名空間將在以下的小節中說明。

PID 命名空間

PID 命名空間允許每一個容器有它自己的處理程序編號（process numbering）。每一個 PID 規範它自己的處理程序階層結構。父命名空間（parent namespace）可以看到子命名空間（children namesapce），也可以變更它們，但是子命名空間就無法看到也不可以變更父命名空間。

假設有兩層結構，在上層中我們看到在子命名空間中執行的處理程序有著不同的 PID。因此，一個在子命名空間中執行的程序會有兩個不同的 PID：其中一個在子命名空間中，而另外一個則是在父命名空間中。例如，如果在 `container.sh` 容器中執行一個程式，我們就能在主機上看到這支程式。

在容器上，`sh container.sh` 處理程序的 PID 是 8：

```
bash-4.3# ps aux | grep container
root         8  0.0  0.0  11664  2656 ?       S    07:37   0:00 sh container.sh
root        80  0.0  0.0   9084   840 ?       S+   07:43   0:00 grep container
bash-4.3# 
```

而在主機上，同樣的程序它的 PID 則是 29778：

```
[root@dockerhost ~]# ps aux | grep container
root     29778  0.0  0.0  11664  2660 pts/3    S    07:37   0:00 sh container.sh
root     29912  0.0  0.0 113004  2160 pts/4    S+   07:45   0:00 grep --color=auto container
[root@dockerhost ~]# 
```

net 命名空間

有了 PID 命名空間的機制，我們可以把同一支程式在不同的隔離環境中執行許多次；例如，我們可以在不同的容器中執行不同的 Apache 實例（instance）。但是，如果沒有 net 命名空間機制的話，就沒有辦法讓它們可以個別地監聽 80 這個連接埠。net 命名空間讓個別的容器可以擁有不同的網路介面，這就可以解決前面所說的問題。當然，Loopback 介面在每一個容器也都是不同的。

要在容器間進行網路連線，我們要在兩個不同的 net 命名空間中建立特殊介面配對，然後允許它們可以彼此之間進行溝通。此特殊介面配對的其中一端放在容器中，而另外一端則是放在主機系統上。一般而言，在容器中的介面被稱為 eth0，而在主機系統上的，它會被以隨機的方式命名，像是 veth516cc56。這些特殊的介面被透過在主機上叫做 docker0 的橋接器進行串接，以啟用主機和容器之間的通訊，並路由網路封包。

在容器裡面，你可以輸入以下的指令看到一些資訊：

```
$ docker container run -it alpine ash
# ip a
```

```
bash-4.3# ip a
1: lo: <LOOPBACK,UP,LOWER_UP> mtu 65536 qdisc noqueue state UNKNOWN group default
    link/loopback 00:00:00:00:00:00 brd 00:00:00:00:00:00
    inet 127.0.0.1/8 scope host lo
       valid_lft forever preferred_lft forever
    inet6 ::1/128 scope host
       valid_lft forever preferred_lft forever
269: eth0: <BROADCAST,UP,LOWER_UP> mtu 1500 qdisc noqueue state UP group default
    link/ether 02:42:ac:11:00:0b brd ff:ff:ff:ff:ff:ff
    inet 172.17.0.11/16 scope global eth0
       valid_lft forever preferred_lft forever
    inet6 2001:db8:1::242:ac11:b/64 scope global
       valid_lft forever preferred_lft forever
    inet6 fe80::42:acff:fe11:b/64 scope link
       valid_lft forever preferred_lft forever
bash-4.3# 
```

而在主機端，看起來會像是以下這個樣子：

```
$ ip a
```

```
bash-4.3# ip a
1: lo: <LOOPBACK,UP,LOWER_UP> mtu 65536 qdisc noqueue state UNKNOWN group default
    link/loopback 00:00:00:00:00:00 brd 00:00:00:00:00:00
    inet 127.0.0.1/8 scope host lo
       valid_lft forever preferred_lft forever
    inet6 ::1/128 scope host
       valid_lft forever preferred_lft forever
269: eth0: <BROADCAST,UP,LOWER_UP> mtu 1500 qdisc noqueue state UP group default
    link/ether 02:42:ac:11:00:0b brd ff:ff:ff:ff:ff:ff
    inet 172.17.0.11/16 scope global eth0
       valid_lft forever preferred_lft forever
    inet6 2001:db8:1::242:ac11:b/64 scope global
       valid_lft forever preferred_lft forever
    inet6 fe80::42:acff:fe11:b/64 scope link
       valid_lft forever preferred_lft forever
bash-4.3# 
```

而且，每一個 net 命名空間都有它自己的路由表以及防火牆規則。

IPC 命名空間

IPC（**inter-process communication**）命名空間提供 semaphore、message queues、以及 shared memory segments。這些技術現在不是那麼常用了，但還是有些程式需要它。

如果 PIC 資源在某個容器中被建立，而要在另外一個容器中用掉，那麼這個執行在第一個容器中的應用程式就會失敗。因為 IPC 命名空間的關係，

在其中一個命名空間中執行的處理程序，沒辦法存取在另外一個命名空間
中的資源。

mnt 命名空間

使用 chroot，你可以從一個被 chroot 的目錄 / 命名空間中查看系統的相對
路徑。mnt 命名空間將這個概念做更進一步擴充。透過 mnt 命名空間，一
個容器可以有它自己掛載的檔案系統以及根目錄。在一個 mnt 命名空間中
的處理程序並不能看到另外一個 mnt 命名空間中的已掛載檔案系統。

UTS 命名空間

透過 UTS 命名空間，每一個容器可以擁有不同的主機名稱（hostname）。

user 命名空間

透過 user 命名空間的支援，我們在主機上是非零 ID（nonzero ID）的使用
者，它在容器中可以是 0 ID（zero ID）。這是因為在 user 命名空間中允許
每一個命名空間具有群組和使用者的對應。

還有一些方法可以在主機和容器以及容器之間分享命名空間，我們將會在
之後的章節中說明。

◉ Cgroups

控制群組（Control groups, cgroups）為容器提供了資源限制以及計算。以
下的文字引述自 Linux Kernel 的說明文件：

> *"Control Groups provide a mechanism for aggregating/partitioning
> sets of tasks, and all their future children, into hierarchical groups
> with specialized behaviour."*

簡單地說，它們可以被類比到 shell 指令中的 ulimit 或是 setrlimit 系統呼叫。不同於對單一個處理程序設定資源的限制，cgroup 讓你可以對於一群處理程序進行資源的限制。

控制群組被分割成幾個不同的子系統，包括 CPU、CPU 集合（CPU sets）、記憶體區塊 I/O 等等。每個子系統都可以被獨立地使用，或是幾個分成為一組。cgroup 具有以下的功能：

- **Resource limiting**：例如，一個 cgroup 可以和指定的 CPU 綁在一起，因此在這個群組中的所有處理程序只能被放在指定的 CPU 上執行。

- **Prioritization**：有一些群組可以得到 CPU 更多的執行時間。

- **Accounting**：讓你可以量測不同的子系統的使用率，作為計費的依據。

- **Control**：你可以凍結或重啟群組。

可以被 cgroup 所管理的子系統列示如下：

- **blkio**：對區塊式裝置（例如磁碟機、SSD 等等）的 I/O 存取。

- **Cpu**：限制對 CPU 的存取。

- **Cpuacct**：產生 CPU 的資源利用率。

- **Cpuset**：在 cgroup 裡面，指定多核系統中 CPU 執行某些工作。

- **Devices**：在群組中核准裝置存取給某一組工作。

- **Freezer**：在 cgroup 中暫停或繼續工作。

- **Memory**：在一個 cgroup 中設定被工作所使用的記憶體限制值。

有許多方式可以透過 cgroup 控制工作。兩個最受歡迎的方式分別是手動地存取 cgroup 的虛擬檔案系統，以及使用 libcgroup 程式庫去存取它。想要在 Linux 使用 libcgroup，請執行以下的指令來安裝在 Ubntu 或是 Debian 系統所需要的套件：

```
$ sudo apt-get install cgroup-tools
```

要在 CentOS、Fedora、或是 Red Hat 上執行,請使用以下的指令碼:

```
$ sudo yum install libcgroup libcgroup-tools
```

 這些步驟在 Mac 和 Windows 的 Docker 環境下並不適用,因為你不能在這些版本的 Docker 中安裝所需的套件。

一旦安裝完成,即可透過以下的指令取得子系統的列表,以及它們在虛擬檔案系統中的掛載點:

```
$ lssubsys -M
```

```
$ lssubsys -M
cpuset /sys/fs/cgroup/cpuset
cpu,cpuacct /sys/fs/cgroup/cpu,cpuacct
blkio /sys/fs/cgroup/blkio
memory /sys/fs/cgroup/memory
devices /sys/fs/cgroup/devices
freezer /sys/fs/cgroup/freezer
net_cls,net_prio /sys/fs/cgroup/net_cls,net_prio
perf_event /sys/fs/cgroup/perf_event
hugetlb /sys/fs/cgroup/hugetlb
pids /sys/fs/cgroup/pids
rdma /sys/fs/cgroup/rdma
$ 
```

儘管還沒有仔細檢視實際的指令,還是先假設我們正在執行一些容器,而且打算為一個容器取得 cgroup 的項目。要取得這些資訊,首先需要取得容器的 ID,然後使用 lscgroup 指令去取得此容器的 cgroup 項目,請參考以下的執行過程:

```
$ docker container ps
CONTAINER ID    IMAGE        COMMAND      CREATED          STATUS          PORTS        NAMES
c3a45b05e3cf    alpine       "ash"        25 minutes ago   Up 25 minutes                demo
$ lscgroup | grep c3a45b05e3cf
pids:/docker/c3a45b05e3cfc5e69bc03b45bd995ca0cf69a66f914ef099112d7a53baf8328c
net_cls,net_prio:/docker/c3a45b05e3cfc5e69bc03b45bd995ca0cf69a66f914ef099112d7a53baf8328c
blkio:/docker/c3a45b05e3cfc5e69bc03b45bd995ca0cf69a66f914ef099112d7a53baf8328c
cpuset:/docker/c3a45b05e3cfc5e69bc03b45bd995ca0cf69a66f914ef099112d7a53baf8328c
devices:/docker/c3a45b05e3cfc5e69bc03b45bd995ca0cf69a66f914ef099112d7a53baf8328c
freezer:/docker/c3a45b05e3cfc5e69bc03b45bd995ca0cf69a66f914ef099112d7a53baf8328c
hugetlb:/docker/c3a45b05e3cfc5e69bc03b45bd995ca0cf69a66f914ef099112d7a53baf8328c
perf_event:/docker/c3a45b05e3cfc5e69bc03b45bd995ca0cf69a66f914ef099112d7a53baf8328c
memory:/docker/c3a45b05e3cfc5e69bc03b45bd995ca0cf69a66f914ef099112d7a53baf8328c
cpu,cpuacct:/docker/c3a45b05e3cfc5e69bc03b45bd995ca0cf69a66f914ef099112d7a53baf8328c
$ 
```

更詳細的資訊，請參見以下網址：
https://docs.docker.com/config/containers/runmetrics/

◉ union 檔案系統

union 檔案系統讓一些分離檔案系統的檔案和資料夾，也就是所謂的層
（layers），可以被無縫地重疊在一起建立成一個新的虛擬檔案系統。當啟
動一個容器時，Docker 把連結到映像檔（image）的所有層疊加在一起，
然後建立一個唯讀的檔案系統。在這個唯讀的檔案系統上面，Docker 再建
立一個可讀寫的層用來放置容器的執行環境。你可以參閱本章的「**提取映
像檔並執行容器**」訣竅以瞭解更多的細節。Docker 可以使用許多各式各
樣的 union 檔案系統，包括 AUFS、Btrfs、zfs、overlay、overlay2、以及
DeviceMapper。

Docker 也有**虛擬檔案系統（Virtual File System, VFS）**儲存驅動器。VFS
並不支援 copy-on-write（COW），也不是一個 union 檔案系統。這表示每
一層是在磁碟機上的一個目錄，而且每次在一個新的層被建立之後，它需
要父層的一個深複製（deep copy）。因為這些理由，它的效能比較差而且
需要更多的磁碟空間，但是它也是比較可靠以及穩定的選項，並且在每一
個環境中都可以使用。

◉ 容器的格式

Docker Engine 把命名空間、控制群組、以及 UnionFS 組合在一起作為容器
的格式。在 2015 年，Docker 貢獻它的容器格式以及執行環境到一個叫做
Open Ccontainer Initiative（OCI）的組織。OCI 是一個輕量化、開放式
的架構，由 Docker 和其他工業界領導者在 Linux 基金會之下所管理。OCI
的目的是建立一個和容器格式以及執行狀態相關的公開工業標準。目前有
兩個規格：Runtime Specification 以及 Image Specification。

Runtime Specification 概述了如何去執行一個 OCI 執行期檔案系統組合。Docker 貢獻了 runC（`https://github.com/opencontainers/runc`），它的 OCI 相容執行環境，作為參考實作。

OCI 映像檔格式包含了要在目標平台上啟動一個應用程式所需要的資訊。這個規格定義了如何去建立一個 OCI 映像檔，以及預期輸出看起來的樣子。輸出是由 image manifest、檔案系統（層）序列化、以及 image configuration 所組成。Docker 貢獻了它的 Docker V2 映像檔格式給 OCI，以形成 OCI 映像檔規格的基礎。

目前有兩個容器引擎支援 OCI 執行期以及映像檔規格：Docker 以及 rkt。

 # 核對 Dokcer 安裝的需求

Docker 支援許多 Linux 平台，像是 RHEL、Ubuntu、Fedora、CentOS、Debian、Arch Linux 等等。它也支援許多雲端平台，像是 Amazon Web Services、Digital Ocean、Microsoft Azure、以及 Google Cloud。Docker 也釋出支援 Microsoft Windows 和 Mac OS X 的桌面版本，讓你可以輕易地讓 Docker 直接在你的本地端機器上建置及執行 Docker。

在這個訣竅中將核對進行 Docker 安裝的需求。我們將會在 Ubuntu 18.04 LTS 的系統中進行安裝，同樣的步驟應該也可以在其他作業系統中使用。

◉ 備妥

請在 Ubuntu 18.04 作業系統中登入為 root 使用者。

◉ 如何做

請依照以下的步驟進行：

1. Docker 並不支援 32 位元架構。要檢查自己的系統架構,請執行以下指令:

```
$ uname -i
x86_64
```

2. Docker 支援核心 3.8 或更新的版本,但是有些系統中可以支援到核心 2.6,例如 RHEL 6.5。要檢查核心的版本,請執行以下指令:

```
$ uname -r
4.15.0-29-generic
```

3. 執行核心需要有一個可支援的儲存後端,可以選用的儲存後端包括: VFS、 DeviceMapper、AUFS、Btrfs、zfs、以及 Overlayfs。

   Ubuntu 預設的儲存後端是 overlay2,這個是從 Ubuntu 14.04 時就開始使用了。另一個比較受歡迎的還有 DeviceMapper,它使用 device-mapper 自動精簡配置(thin provisioning)模組去實作資料層,大部份的 Linux 平台應該都有預先安裝這個模組。我們可以使用以下的指令來檢查 device-mapper 相關資訊:

```
$ grep device-mapper /proc/devices
253 device-mapper
```

   在大部份的版本中,AUFS 會需要一個修改過的核心。

4. 許多的情況下,對於 cgroup 以及命名空間的支援應該已經內建於核心中且預設為啟用的狀態。若要檢查它們是否存在,你可以檢視正在執行中的核心之相關系統配置檔。如果是 Ubuntu,我會使用以下的方式來檢查:

```
$ grep -i namespaces /boot/config-4.15.0-29-generic
CONFIG_NAMESPACES=y

$ grep -i cgroups /boot/config-4.15.0-29-generic
CONFIG_CGROUPS=y
```

config 的檔名通常會和核心的版本有關。你的系統可能會有不同的名稱。如果是這種情況，就需要改一下所使用的指令才行。

◉ 如何辦到的

為了能夠正確地執行，Docker 需要主機系統符合一些基本需求。藉由以上所執行的一些指令，可以確認系統是否符合這些執行上的需求。

◉ 可參閱

請參考 Docker 網站上的安裝說明文件：

https://docs.docker.com/install/

 # 在 Ubuntu 上安裝 Docker ⬛⬛⬛

在這個訣竅中，我們將會把 Docker 安裝在 Ubuntu 18.04 上，這是筆者在編寫本書時最新的 LTS 版本。相信在 Ubuntu 16.04 下也可以使用相同的步驟完成作業。

◉ 備妥

請檢查在前面的訣竅中所提到的執行先備條件。

卸載所有舊版的 Docker。舊版本的 Docker 套件包括 docker、docker.io、或 docker-engine。如果它們已經安裝過了，就需要進行卸載作業，不然有可能會引起一些問題：

```
$ sudo apt-get remove docker docker-engine docker.io
```

◉ 如何做

請依照以下的步驟進行安裝作業：

1. 更新 apt 的套件索引：

```
$ sudo apt-get update
```

2. 安裝以下的套件以允許 apt 可以透過 HTTPS 使用倉庫（repository）：

```
$ sudo apt-get install \
 apt-transport-https \
 ca-certificates \
 curl \
 software-properties-common
```

3. 加上 Docker 的官方 GPG key：

```
        $ curl -fsSL https://download.docker.com/linux/ubuntu/gpg | sudo
apt-key add -
    OK
```

驗證我們的 key 是否已安裝正確：

```
  $ sudo apt-key fingerprint 0EBFCD88
pub  rsa4096 2017-02-22 [SCEA]
     9DC8 5822 9FC7 DD38 854A E2D8 8D81 803C 0EBF CD88
uid [ unknown] Docker Release (CE deb) <docker@docker.com>
sub  rsa4096 2017-02-22 [S]
```

4. 使用 stable 通道新增 Docker 的 apt 倉庫：

```
$ sudo add-apt-repository \
 "deb [arch=amd64] https://download.docker.com/linux/ubuntu \
 $(lsb_release -cs) \
 stable"
```

如果你想要更頻繁地更新，而且不在乎少許程式臭蟲的話，可以使用 nightly test 通道，只要把上述指令中的 stable 改為 test 就可以了。

5. 更新 apt 套件索引，讓它可以包含剛加進去的倉庫：

```
$ sudo apt-get update
```

6. 安裝最新版本的 Docker CE：

```
$ sudo apt-get install docker-ce
```

7. 驗證安裝的內容是否可以順利運作：

```
$ sudo docker container run hello-world
```

◉ 如何辦到的

上述的指令會在 Ubuntu 上安裝 Docker 以及所有需要的套件。

◉ 補充資訊

預設的 Docker daemon（背景執行程式）系統配置檔案位於 /etc/docker，在 daemon 啟動時會使用到它。以下是一些基本的操作：

- 要啟動服務，請輸入以下指令：

```
$ sudo systemctl start docker
```

- 要驗證安裝，請輸入以下指令：

```
$ docker info
```

- 要更新套件，請輸入以下指令：

```
$ sudo apt-get update
```

- 要在主機作業系統啟動時啟動此服務，請輸入以下指令：

```
$ sudo systemctl enable docker
```

- 要停止這個服務，請輸入以下指令：

```
$ sudo systemctl stop docker
```

◉ 可參閱

更多的資訊請參考 Docker 網站上的 Ubuntu 安裝說明文件：

https://docs.docker.com/install/linux/docker-ce/ubuntu/

 # 在 CentOS 上安裝 Docker ▪▪▪

CentOS 是另外一個也很受歡迎的 Linux 發行版本，它是一個免費的企業等級發行版本，而且相容於 Red Hat Enterprise Linux（RHEL）。請依照以下簡易的訣竅在 CentOS 7.x 上安裝 Docker。

◉ 備妥

centos-extra 倉庫需要被啟用，通常這都是預設就有的，但是如果你之前把它取消了（disable），請再重新啟用。

Docker 的套件在以前有一些不同的名字，分別是 docker、docker-engine，而現在則稱為 docker-ce。我們需要移除所有之前的 Docker 版本以防止任何可能的軟體衝突：

```
$ sudo yum remove docker \
    docker-client \
    docker-client-latest \
    docker-common \
    docker-latest \
    docker-latest-logrotate \
    docker-logrotate \
    docker-selinux \
    docker-engine-selinux \
    docker-engine
```

如果 yum 回報沒有任一個上述的套件被安裝，那就沒問題了。

◉ 如何做

請依照以下的步驟進行：

1. 安裝需要的套件：

```
$ sudo yum install -y yum-utils \
    device-mapper-persistent-data \
    lvm2
```

2. 使用 stable 通道設置 Docker yum 倉庫：

```
$ sudo yum-config-manager \
    --add-repo \
        https://download.docker.com/linux/centos/docker-ce.repo
```

3. **可選用**：設定使用 test 通道來存取 nightly builds 版本的套件：

```
$ sudo yum-config-manager --enable docker-ce-test
```

4. 安裝最新版本的 docker-ce：

```
$ sudo yum install docker-ce
```

5. 如果出現提示顯示需要接受 GPG key，檢查它是否符合 **060A 61C5 1B55 8A7F 742B 77AA C52F EB6B 621E 9F35**，如果是的話，請選擇接受：

```
Retrieving key from https://download.docker.com/linux/centos/gpg
Importing GPG key 0x621E9F35:
 Userid : "Docker Release (CE rpm) <docker@docker.com>"
 Fingerprint: 060a 61c5 1b55 8a7f 742b 77aa c52f eb6b 621e 9f35
 From : https://download.docker.com/linux/centos/gpg
Is this ok [y/N]: y
```

6. 啟動 Docker daemon：

```
$ sudo systemctl start docker
```

7. 以下的指令用來驗證是否安裝完成：

```
$ docker container run hello-world
```

◉ 如何辦到的

前述的訣竅在 CentOS 上安裝了 Docker 以及所有它需要使用的套件。

◉ 補充資訊

預設的 Docker daemon 系統配置檔案放在 /etc/docker 下，它會被 daemon 在啟動時使用到。以下是一些基本的操作：

- 啟動服務，請輸入以下指令：

```
$ sudo systemctl start docker
```

- 驗證安裝狀態，請輸入以下指令：

```
$ docker info
```

- 更新套件，請輸入以下指令：

```
$ sudo yum -y upgrade
```

- 要在系統啟動時一併啟動 docker 服務，請輸入以下指令：

```
$ sudo systemctl enable docker
```

- 卸載 Docker，請輸入以下指令：

```
$ sudo yum remove docker-ce
```

- 終止服務，請輸入以下指令：

```
$ sudo systemctl stop docker
```

◉ 可參閱

更多的資訊請參考 Docker 網站上的 CentOS 安裝說明文件：

https://docs.docker.com/install/linux/docker-ce/centos/

 # 使用自動化腳本在 Linux 上安裝 Docker ∙∙∙

前面的兩個訣竅中，我們為了把 Docker 安裝到 Ubuntu 和 CentOS 使用了不同的步驟。如果只是要安裝一、兩台主機，自己動手做一下倒是還好，但是如果需要安裝到上百台呢？在這種情況下，你可能會想要有一些自動化的方法來加快整個程序。在這個訣竅中會展現如何把 Docker 安裝到不同的 Linux 作業系統發行版本，而且使用的是由 Docker 所提供的自動化安裝腳本。

◉ 備妥

如同所有從網際網路下載的腳本，第一件事就是要檢查這個腳本，在使用它之前確實知道此腳本做了哪些事。為了對腳本做些檢查，請依照以下的步驟來進行：

1. 使用你慣用的瀏覽器前往 https://get.docker.com 檢視腳本，而且確定你可以接受它所做的事情。如果有所懷疑，就不要使用它。

2. 此腳本需要被以 root 的身分或是具有 sudo 權限的方式來執行。

3. 如果 Docker 已經被安裝在主機上了，你需要在執行這個腳本之前把它移除。

目前此腳本可以運作在這些 Linux 發行版本：CentOS、Fedora、Debian、
Ubuntu、以及 Raspbian。

◉ 如何做

請依照以下的步驟執行此腳本：

1. 下載腳本到主機系統上：

```
$ curl -fsSL get.docker.com -o get-docker.sh
```

2. 執行該腳本：

```
$ sudo sh get-docker.sh
```

◉ 如何辦到的

前述的訣竅使用一個自動化的腳本把 Docker 安裝到 Linux 上。

◉ 補充資訊

為了升級 Docker，需要在你的主機上使用套件管理器。若重複執行此腳
本，會在它嘗試再次加入一個已經存在的倉庫時引發問題。請參考之前的
訣竅以學習如何在 CentOS 以及 Ubuntu 上，以它們自己的套件管理器升級
Docker。

 ## 安裝 Docker for Windows　■ ■ ■

Docker for Windows 是一個原生的應用程式，而且被深度地和 Hyper-V 虛
擬化技術以及 Windows 的網路和檔案系統整合在一起。它是全功能的發展
環境，可以被用來在 Windows PC 上建立、偵錯、以及測試 Docker 的應用

程式。它可以順利地運作在 VPN 以及代理器上，使得被用在一個合作的環境中變得更加地容易。

Docker for Windows 支援包括 Windows 以及 Linux 容器，而且可以很簡單地在兩者之間切換以建立你的多平台應用程式。它包含了 Docker CLI client、Docker Compose、Docker Machine、以及 Docker Notary。

最近釋出的版本也加上了 Kubernetes 支援，因此可以更容易地在你的機器上建立全功能的 Kubernetes 環境，只要點擊幾個按鈕就行。

◉ 備妥

Docker for Windows 的系統需求如下：

- 64-bit Windows 10 Pro、Enterprise、 以及 Education（1607 Anniversary Update、Build 14393 或之後的版本）。

- 在 BIOS 中的虛擬化功能必須啟用，而且要選用 CPU-SLAT-capable。

- 4 GB 的 RAM。

 如果你的系統沒有滿足這些條件，也可以安裝 Docker Toolbox（https://docs.docker.com/toolbox/overview/）。它使用 Oracle VirtualBox 代替 Hyper-V。雖然不是最好的，但是總比沒有好。

◉ 如何做

請依照以下的步驟安裝 Docker for Windows：

1. 到 Docker Store 下載 Docker for Windows，網址如下，需要登入之後才能夠下載 installer：

   https://store.docker.com/editions/community/docker-ce-desktop-windows

如果沒有 Docker 帳號，可以在這個網址中建立一個：

`https://store.docker.com/signup`

2. 雙擊以執行從 Docker Store 所下載的檔案，這個程式看起來應該像是 `Docker for windows Installer.exe`：

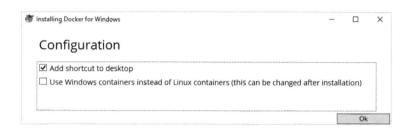

一旦安裝完成之後，它會自動地啟動。你會注意到一個鯨魚的圖示出現在工作列上的通知區。如果想要變更任何的設定，請在該圖示上按下滑鼠右鍵，然後選擇「**Settings**」。

3. 開啟命令提示字元視窗，然後輸入以下的指令檢查安裝是否可以順利運作：

```
$ docker container run hello-world
```

◉ 如何辦到的

本訣竅展示了如何在 Windows 機器上安裝 Docker 開發環境。

◉ 補充資訊

現在你已經安裝了 Docker for Windows，接著來看看以下這些技巧，讓你的安裝可以發揮更大的作用：

- Docker for Windows 支援 Windows 和 Linux 的容器。如果想要切換，只需要在鯨魚的圖示上按下滑鼠右鍵，選擇「**Switch to Windows containers**」，然後再點擊「**Switch**」按鈕就可以了：

如果要切換回來，請做同樣的操作，只不過這次要選擇的是「**Switch to Linux containers**」。

- Docker for Windows 會自動檢查更新以及讓你知道是否已有新的版本可供安裝。如果同意升級，它將會下載新的版本並且進行安裝。

- 在預設的情況下並不會執行 Kubernetes。如果想要把它打開，需要在工作列中那個 Docker 鯨魚圖示上按下滑鼠右鍵，然後選擇「**Settings**」。在 **Settings** 選單中，有一個「**Kubernetes**」的頁籤。請點擊該頁籤，然後按下「**Enable Kubernetes**」選項，再點擊「**Apply**」按鈕：

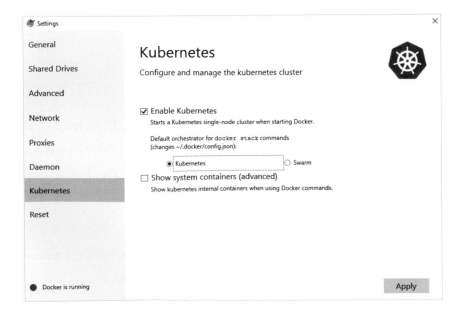

◉ 可參閱

更多關於 Docker for Windows 的資訊，以及連結到實驗室和更多的範例，
請前往下列網址：

https://docs.docker.com/docker-for-windows/

 ## 安裝 Docker for Mac ▪▪▪

Docker for Mac 是在 Mac 上執行 Docker 最快且最可靠的方式。它會安裝所
有在 Mac 上執行 Docker 開發環境所需要的工具。這包括 Docker 命令列工
具、Docker Compose、以及 Docker Notary。它也可以在 VPN 以及代理上
正確執行，讓我們在合作的環境之下使用更加地容易。

最近釋出的版本也加上了 Kubernetes 支援，將可更容易地在你的機器上建
立全功能的 Kubernetes 環境，只要點擊幾個按鈕即可。

◉ 備妥

以下是執行 Docker for Mac 的系統需求：

- macOS El Capitan 10.11 或是更新的 macOS 版本。

- 至少 4 GB 的 RAM。

- Mac 的硬體必須是在 2010 或是更新的型號，使用 Intel 的硬體支援
  Memory Management Unit（MMU）虛擬化技術，包括 **Extended Page
  Tables（EPT）**以及 unrestricted mode。為了檢視你的機器是否支援這
  些條件，請在終端機中執行以下的指令：

```
$ sysctl kern.hv_support
kern.hv_support: 1
```

如果你的系統沒有滿足這些條件，也可以安裝 Docker Toolbox
（`https://docs.docker.com/toolbox/overview/`），它使用
Oracle VirtualBox 代替 HyperKit。雖然不是最好的，但總比沒
有好。

◉ 如何做

請依照以下的步驟安裝 Docker for Mac：

1. 請到 Docker Store 下載 Docker：

`https://store.docker.com/editions/community/docker-ce-desktop-mac`

需要登入才能夠下載安裝程式。如果沒有 Docker 帳號，請到下列網址
申請：

`https://store.docker.com/signup`

2. 請執行剛才從 Docker Store 下載回來的安裝檔案，它看起來會是這個
樣子 **Docker.dmg**。

3. 把鯨魚圖示拖放到 **Applications** 資料夾中：

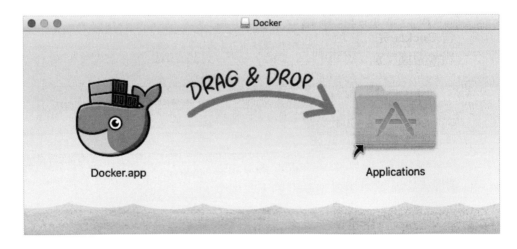

4. 在 **Applications** 資料夾中雙擊 **Docker.app** 圖示以啟始 Docker，如下圖所示：

5. 此時將會被提示需要以自己的系統密碼授權 **Docker.app**。這是正常的現象，因為 **Docker.app** 需要有特別權限才能夠安裝一些需要的組件。請點擊「**OK**」按鈕，然後輸入你的密碼以完成安裝：

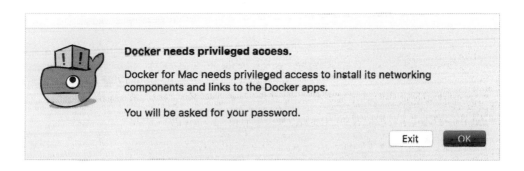

6. 當 Docker 完成之後，一個小的鯨魚圖示將會出現在螢幕的右上角狀態列選單處，如下圖所示：

7. 如果你按一下鯨魚，就可以存取應用程式的設定以及其他的選項。

8. 選擇「**About Docker**」按鈕，檢查一下安裝的是否為最新的版本。

9. 接著檢查一下 Docker 是否已經安裝而且正在執行中。請開啟終端機視窗然後鍵入以下的指令：

```
$ docker container run hello-world
```

◉ 如何辦到的

前面的訣竅會在你的 Mac 機器中下載以及安裝 Docker 開發環境。

◉ 補充資訊

現在 Docker for Mac 已經安裝好了，在這裡有一些技巧可以開始使用：

- Docker for Mac 會自動地檢查最新版的更新，而且讓你知道有哪些新版本可以安裝。如果同意升級，它將會做所有相關作業，下載新的版本並幫你進行安裝。

- 在預設的情況下並不會執行 Kubernetes。如果想要把它打開，請到狀態選單列中點擊鯨魚圖示，然後選擇「**Preferences**」。在「**Preferences**」中，有一個「**Kubernetes**」頁籤，請點擊這個頁籤，然後按下「**Enable Kubernetes**」選項，再點擊「**Apply**」按鈕如下：

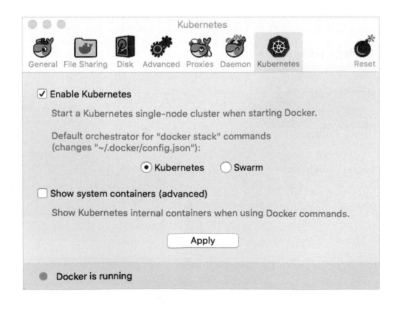

◉ 可參閱

你可以瀏覽「*Get Started with Docker for Mac*」以協助學習關於應用程式以及如何最佳使用它的引導。這份文件可以在下列網址找到：

https://docs.docker.com/docker-for-mac/

 # 提取映像檔並執行容器 ■■■

我將先以這個來自於下一章的訣竅簡單介紹一些概念。在本章接下來的章節中才會完整解說這些主題。現在，我們要做的是提取一個映像檔（pulling an image）並且執行它。你將會在這個訣竅中開始認識 Docker 的架構以及它的一些元件。

◉ 備妥

請先把 Docker 安裝到你的系統中。

◉ 如何做

要提取一個映像檔並且執行容器，請依照以下的步驟進行：

1. 請使用以下的指令提取一個映像檔：

```
$ docker image pull alpine
```

2. 使用以下的指令可以列出已存在的映像檔：

```
$ docker image ls
```

```
$ docker image ls
REPOSITORY          TAG          IMAGE ID            CREATED         SIZE
hello-world         latest       2cb0d9787c4d        2 weeks ago     1.85kB
alpine              latest       11cd0b38bc3c        3 weeks ago     4.41MB
$ []
```

3. 以下的指令可以透過已提取的映像檔建立容器，以及列出這些容器：

```
$ docker container run -id --name demo alpine ash
```

```
$ docker container run -id --name demo alpine ash
c3a45b05e3cfc5e69bc03b45bd995ca0cf69a66f914ef099112d7a53baf8328c
$ docker container ps
CONTAINER ID       IMAGE           COMMAND        CREATED         STATUS         PORTS          NAMES
c3a45b05e3cf       alpine          "ash"          5 seconds ago   Up 3 seconds                  demo
$ []
```

◎ 如何辦到的

Docker 具有 client-server 架構。它的二進位執行檔是由 Docker client 以及 server daemon 所組成的，而且可以放在相同的主機上。client 可以透過 socket 或是 RESTful API 與在本地端或是遠端的 Docker daemon 進行彼此間的通訊。Docker daemon 用來建立、執行、以及發佈容器。如下面的示意圖所示，Docker client 傳送命令給在主機上執行的 Docker daemon。Docker daemon 也會連線到公開或是私有的 registry 以取得 client 所要求的映像檔：

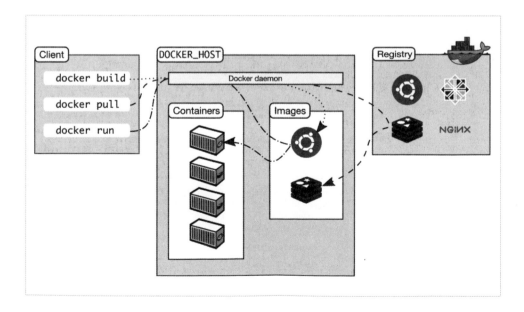

所以在我們的例子中，Docker client 傳送一個要求給在本地機器上執行的 daemon，而它會連線到公用的 Docker registry 並且下載這個映像檔。一旦映像檔被下載之後，就可以執行它了。

◉ 補充資訊

讓我們來探討一些在前面的訣竅中遇到的關鍵字：

- **Images（映像檔）**：Docker 映像檔是唯讀的樣板，它們在執行之後就成為容器。實現這個想法的概念是以一個作為基礎的映像檔再層層往上疊。例如，我們可以有一個 Alpine 或是 Ubuntu 的基礎映像檔（base image），然後在其上安裝一些套件或做一些修改以建立一個新的層（layer），如此基礎映像檔和新的層就可以把它們結合一起視為一個新的映像檔。舉個例子，在下面這張圖中，Debian 是基礎映像檔，Emacs 和 Apache 則是兩個被加在上面的層。它們具有高可攜性，而且可以很輕易地被共用：

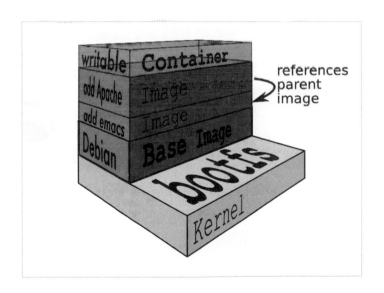

「層（layers）」被逐次地疊加在基礎映像檔上方以建立一個單一聚合檔案系統。

- **Registry（註冊伺服器）**：registry 是保存 Docker 映像檔的地方，有公開的也有私人的，視你上傳或下載映像檔的地方而定。公開的 Docker registry 叫做 **Docker Hub**，這個我們在後面會加以說明。

- **Index**：Index 用來管理使用者的帳戶、權限、搜尋、標記、以及在公開的 Docker registry 網路介面中一些好用的東西。

- **Containers（容器）**：容器是執行了由基礎映像檔和把各層疊加在一起的映像檔之後所建立的。它們包含執行應用程式所需要的所有東西。就如同之前圖表中所說明的，在啟始容器之後會加上一個暫時層，如果這個容器在停止執行時沒有做 commit 的動作，這層就會被刪除，如果有做 commit 的話，那麼就會被再建立另外一層上去。

- **Repository（倉庫）**：不同版本的映像檔可以使用多個標籤來管理，這些都被儲存為不同的 GUID。倉庫就是這些映像檔的集合，而它們可以被 GUID 追蹤。

◉ 可參閱

需要更多資訊的話，請參考在 Docker 網頁上的說明文件：

https://docs.docker.com/engine/docker-overview/

加上一個用來管理 Docker 的非根使用者（nonroot user）

為了使用上的便利，我們可以允許一個非根使用者來管理 Docker，只要把它加入到 Docker 群組就可以了。當在 Mac 或是 Windows 上使用 Docker 時並不需要進行這個操作。

◉ 備妥

為了準備加入非根使用者以管理 Docker，請執行以下的步驟：

1. 如果系統中沒有 Docker 群組，請使用以下的指令建立它：

```
$ sudo groupadd docker
```

2. 建立一個要用來管理 Docker 權限的使用者：

```
$ sudo useradd dockertest
```

◉ 如何做

執行以下的指令，把新建立的使用者加到 Docker 的管理群組：

```
$ sudo usermod -aG docker dockertest
```

◉ 如何辦到的

前述的指令會加入一個使用者到 Docker 群組。新加入的使用者將可以執行所有的 Docker 操作。

在 Docker 命令列中取得求助訊息

Docker 的命令都有良好的說明文件讓你可以隨時參考。許多的說明文件在線上均有提供，但是它可能會因為你所使用的 Docker 版本而有一些不同。

◉ 備妥

請先把 Docker 安裝到你的系統中。

◉ 如何做

1. 在 Linux 作業系統中，你可以使用 man 指令去找到幫助資訊如下：

```
$ man docker
```

2. 你也可使用如下所示的方式取得某一指令的使用說明：

```
$ man docker ps
$ man docker-ps
```

◉ 如何辦到的

man 指令是由 Docker 套件所安裝的 man pages 提供的訊息。

◉ 可參閱

更多的資訊請參考 Docker 網站上的說明文件：

https://docs.docker.com/engine/reference/commandline/cli/

操作 Docker 容器

本章涵蓋以下主題

- 列出與搜尋某一個映像檔

- 提取映像檔

- 列出映像檔

- 啟動容器

- 列出容器

- 停止容器的運行

- 檢視容器的日誌檔

- 移除容器

- 移除所有停止中的容器

- 設定容器的重啟策略

- 在容器中取得特權存取權限

- 在容器中存取主機裝置

- 將新處理程序注入到執行中的容器

- 讀取容器的中繼資料

- 為容器建立標籤及過濾容器

- 在容器中進行 reaping zombie

簡介

前面的章節中,在安裝 Docker 之後,我們把映像檔提取出來,並且從而建立容器。Docker 的主要目標就是執行容器。在本章中將會看到可以對容器上執行的各種操作,像是啟動、停止、列表、刪除等等。這些內容可以幫助我們把 Docker 運用在各種使用案例中,像是測試、CI/CD、設置 PaaS 等等,這些部份均會在接下來的各章中加以說明。在開始之前,請先使用以下的命令來檢視 Docker 的安裝:

```
$ docker version
```

```
$ docker version
Client:
 Version:      17.06.0-ce
 API version:  1.30
 Go version:   go1.8.3
 Git commit:   02c1d87
 Built:        Fri Jun 23 21:23:31 2017
 OS/Arch:      linux/amd64

Server:
 Version:      17.06.0-ce
 API version:  1.30 (minimum version 1.12)
 Go version:   go1.8.3
 Git commit:   02c1d87
 Built:        Fri Jun 23 21:19:04 2017
 OS/Arch:      linux/amd64
 Experimental: false
```

上述命令可以看到 Docker 客戶端和伺服器端的版本資訊以及其他細節。

 本例使用 Ubuntu 18.04 作為用來執行這些訣竅的主要環境,其他環境應該也能順利執行。

列出與搜尋某一個映像檔

我們需要一個映像檔啟用容器，先來說明如何在 Docker registry 中搜尋映像檔。正如在第 1 章「**簡介與安裝**」中所看到的，registry 中放置了許多的 Docker 映像檔，registry 可以是公開的，也可以是私有的。預設的情況中搜尋只會發生在公開的 registry 中，也就是 Docker Hub，它的位置是：

https://hub.docker.com/

◉ 備妥

請確定 Docker daemon 在主機上順利運行，且可以被 Docker client 連上。

◉ 如何做

指令 docker search 可以讓你在 Docker registry 中搜尋映像檔。以下是此指令的語法：

docker search [OPTIONS] TERM

下面這一列指令是用來搜尋名為 alpine 的映像檔之使用範例：

$ docker search --limit 5 alpine

```
$ docker search --limit 5 alpine
NAME                      DESCRIPTION                               STARS   OFFICIAL   AUTOMATED
alpine                    A minimal Docker image based on Alpine Lin...  2496   [OK]
mhart/alpine-node         Minimal Node.js built on Alpine Linux     307
anapsix/alpine-java       Oracle Java 8 (and 7) with GLIBC 2.23 over...  231               [OK]
kiasaki/alpine-postgres   PostgreSQL docker image based on Alpine Linux  34                [OK]
tenstartups/alpine        Alpine linux base docker image with useful...  2                [OK]
```

上圖列出了名稱（NAME）、描述（DESCRIPTION）、以及此映像檔所獲得到的星星數（STARS）。它也指出此映像檔是否為官方（OFFICIAL）以及是否為自動建立類型（AUTOMATED）：

- STARS 代表有多少人喜歡這個映像檔。

- OFFICIAL 這個欄位讓我們可以瞭解這個映像檔是否是由可靠的來源所建立的。

- AUTOMATED 這個欄位為是否它在被推送到 GitHub 或是 Bitbucket 時被自動地建立的映像檔。更多關於 AUTOMATED 的細節可以在下一章中找到。

 映像檔名稱的命名慣例是 `<user>/<name>`，但是也可以自由地設定。

◉ 如何辦到的

Docker 會在 Docker public registry 中搜尋映像檔，這些映像檔的倉庫位於：

https://index.docker.io/v1/

我們也可以自訂私人 registry，在私人的 registry 中搜尋映像檔。

◉ 補充資訊

如果打算只列出超過 20 個星星，而且是 automated 的映像檔，請執行以下的指令：

```
$ docker search \
    --filter is-automated=true \
    --filter stars=20 alpine
```

```
$ docker search --filter is-automated=true --filter stars=20 alpine
NAME                        DESCRIPTION                                  STARS     OFFICIAL    AUTOMATED
anapsix/alpine-java         Oracle Java 8 (and 7) with GLIBC 2.23 over...   231                   [OK]
frolvlad/alpine-glibc       Alpine Docker image with glibc (~12MB)         102                   [OK]
kiasaki/alpine-postgres     PostgreSQL docker image based on Alpine Linux   34                   [OK]
zzrot/alpine-caddy          Caddy Server Docker Container running on A...    32                   [OK]
```

在第 3 章「操作 *Docker* 映像檔」中，我們將會學到如何設置自動建立的方法。

從 Docker 1.3 之後為 Docker daemon 提供了「--insecure-registry」參數，讓我們可以從一個不安全的 registry 中搜尋 / 提取 /commit 映像檔。更多詳細的資訊請參考：

https://docs.docker.com/registry/insecure/

◉ 可參閱

透過以下的指令可以取得 Docker search 的相關幫助資訊：

```
$ docker search --help
```

在 Docker 的網頁中也有這個指令的說明文件，位置在：

https://docs.docker.com/edge/engine/reference/commandline/search/

 提取映像檔

在搜尋映像檔之後，可以藉由執行 Docker daemon 把映像檔提取出來之後放到系統中，說明如下。

◉ 備妥

請確定 Docker daemon 在主機上正常運作，而且可以被 Docker client 順利地連上。

◉ 如何做

為了要把映像檔從 Docker registry 中提取出來，可以執行如下所示的指令：

```
docker  image pull [OPTIONS] NAME[:TAG|@DIGEST]
```

或是使用之前的方式：

```
docker pull [OPTIONS] NAME[:TAG|@DIGEST]
```

以下是提取 ubuntu 映像檔的例子：

```
$ docker image pull ubuntu
```

```
$ docker image pull ubuntu
Using default tag: latest
latest: Pulling from library/ubuntu
d5c6f90da05d: Pull complete
1300883d87d5: Pull complete
c220aa3cfc1b: Pull complete
2e9398f099dc: Pull complete
dc27a084064f: Pull complete
Digest: sha256:34471448724419596ca4e890496d375801de21b0e67b81a77fd6155ce001edad
Status: Downloaded newer image for ubuntu:latest
```

◉ 如何辦到的

pull 命令會從 Docker registry 中下載在本地端建立映像檔所需的所有資料層，我們將會在下一章中看到關於資料層（layer）的細節。

◉ 補充資訊

映像檔標記（Image tags）把相同型態的映像檔建立成一個群組。例如，CentOS 可以擁有像是 centos6、centos7 等等標記的映像檔。為了要提取這些特定標記的映像檔，舉個例子，請執行以下的指令：

```
$ docker image pull centos:centos7
```

在預設的情況下，最新標記的映像檔會被提取出來。如果要把所有相關標記的映像檔都提取出來，請使用以下指令：

```
$ docker image pull --all-tags alpine
```

從 Docker 1.6 (https://blog.docker.com/2015/04/docker-release-1-6/) 開始，可以藉由一個叫做「**digest**」的新內容可定址識別字來組建以及參用到一些映像檔而不是使用標記。為了要使用一個指定的 digest 之映像檔，可以使用以下的語法：

```
$ docker image pull <image>@sha256:<digest>
```

以下是使用前述指令語法之範例：

```
$ docker image pull
nginx@sha256:788fa27763db6d69ad3444e8ba72f947df9e7e163bad7c1f5614f8fd27a311 c3
```

Digests 只支援 Docker registry 的第 2 版。

一旦映像檔已經被提取出來，它就會待在本地端的快取（儲存器）中，所以接下來的提取動作就會非常快。這個特點在組建 Docker 套層式映像檔時扮演了非常重要的角色。

◎ 可參閱

我們可以使用 help 功能來檢視 docker image pull 文件：

```
$ docker image pull --help
```

在 Docker 網站中的相關說明文件可以在這裡找到：

https://docs.docker.com/engine/reference/commandline/image_pull/

 ## 列出映像檔

我們可以列出在執行 Docker daemon 的系統上能使用的映像檔。這些映像檔可能已經被透過 docker image pull 命令從 registry 中提取出來並匯入了，亦或是已經透過 Dockerfile 建立了。

◉ 備妥

請確定 Docker daemon 在主機上正常運作，而且可以被 Docker client 順利地連上。

◉ 如何做

請執行以下任一行指令以列出所有的映像檔：

```
$ docker image ls
$ docker images
```

```
$ docker image ls
REPOSITORY          TAG         IMAGE ID        CREATED         SIZE
ubuntu              latest      ccc7a11d65b1    2 weeks ago     120MB
centos              centos7     328edcd84f1b    3 weeks ago     193MB
alpine              edge        6ab1c97283af    4 weeks ago     3.95MB
nginx               <none>      b8efb18f159b    5 weeks ago     107MB
alpine              3.6         7328f6f8b418    2 months ago    3.96MB
alpine              latest      7328f6f8b418    2 months ago    3.96MB
alpine              3.5         074d602a59d7    2 months ago    3.99MB
alpine              3.4         f64255f97787    2 months ago    4.81MB
alpine              3.3         606fed0878ec    2 months ago    4.81MB
alpine              3.2         39be345c901f    2 months ago    5.26MB
alpine              3.1         00772ebf9244    2 months ago    5.04MB
alpine              2.7         93f518ec2c41    19 months ago   4.71MB
alpine              2.6         e738dfbe7a10    19 months ago   4.5MB
```

◉ 如何辦到的

Docker client 可以和 Docker engine 溝通且取得那些已經被下載（提取過的）到 Docker 主機上映像檔列表。

◉ 補充資訊

所有名稱相同但是具不同標記的映像檔都被下載。在這裡要特別留意的一個有趣的地方是，它們有相同的名稱但是卻有不一樣的標記。此外，有兩個的 IMAGE ID 都是 7328f6f8b418，但是卻有不同的標記。

◉ 可參閱

可以使用以下的方式取得 docker image ls 的使用說明：

```
$ docker image ls --help
```

你可以在 Docker 的網站上看到相關的說明文件：

https://docs.docker.com/engine/reference/commandline/image_ls/

 ## 啟動容器

一旦有了映像檔，就可以使用它們來啟動容器。在這個訣竅中，我們將以 ubuntu:latest 映像檔來啟動容器，然後看看在這樣的情境背後發生了哪些事。

◉ 備妥

確認 Docker daemon 在主機上是正確地運行，而且可以被 Docker client 順利地連線。

◉ 如何做

我們可以使用以下任一個語法來啟動容器：

```
docker run [OPTIONS] IMAGE [COMMAND] [ARG...]
docker container run [OPTIONS] IMAGE [COMMAND] [ARG...]
```

 我們推薦使用 docker container run 指令來執行，因為在 1.13 版本中，Docker 在邏輯上把容器的操作放在 docker container management 指令群組中，因此 docker run 未來有可能會被棄用。

這裡有一個使用 docker container run 指令的例子：

```
$ docker container run -i -t --name mycontainer ubuntu /bin/bash
```

在預設的情況下，Docker 會使用 latest 標籤的映像檔：

- 選項 -interactive 或是 -i 會把容器啟動在交談模式中，並會保持 STDIN 開啟的狀態。

- 選項 --tty 或 -t 會配置一個 pseudo-tty，然後把標準輸入附加到上面。

因此，在前面的指令中，我們可以從 ubuntu:latest 映像檔啟始一個容器，然後附加到 pseudo-tty 上，並把該容器命名為 mycontainer，接著在容器中執行 /bin/bash 指令。如果沒有指定容器名稱的話，系統就會以一個亂數的字串作為容器的名稱。

此外，如果映像檔在本地端找不到，會從 registry 進行首次下載的作業，然後執行它。

◉ 如何辦到的

在斗篷之下，Docker 將會：

- 把所有的層合併在一起，然後在映像檔上使用 UnionFS。

- 為容器配置一個唯一的 ID，這個就是容器 ID（Container ID）。

- 配置一個檔案系統，然後為這個容器掛載一個可讀寫層，在這個層上的所有改變都是暫時性的，如果最終沒有 commit 的話，這些變更就會被拋棄。

- 配置一個橋接網路介面（bridge network interface）。

- 為這個容器配置一個 IP 位址。

- 執行使用者所指定的處理程序。

此外，在預設 Docker 系統配置中，它會建立一個目錄（在 /var/lib/
docker/containers 目錄下使用容器的 ID），裡面包括了容器的特定資訊像
是主機名稱、系統配置細節、紀錄、以及 /etc/hosts。

◉ 補充資訊

要離開容器請按下「*Ctrl+D*」或是輸入 exit。這和離開一個 shell 是類似
的，但是此種方式將會停止容器的執行。有另外一個選擇是從容器中脫離
（detach），請按下「*Ctrl+P+Q*」。被脫離的容器會把它自己和終端機的連
結移除，然後把控制權還給 Docker 主機 shell，並等待 docker container
attach 指令以重新連結到容器。

run 這個指令用來建立以及啟動容器。在 Docker 1.3 以及之後的版本中，可
以只使用 create 指令建立容器，之後再使用 start 指令來啟用容器，如下
所示：

```
$ ID=$(docker container create -t -i ubuntu /bin/bash)
$ docker container start -a -i $ID
```

我們也可以把容器啟動為背景執行，然後在需要時候再附加上即可。在
start 之後接上 -d 這個參數就可以把容器啟動在背景中：

```
$ docker container run -d -i -t ubuntu /bin/bash
0df95cc49e258b74be713c31d5a28b9d590906ed9d6e1a2dc75672aa48f28c4f
```

前面的指令會傳回容器的 ID，這個 ID 讓我們可以在之後附加時使用，
如下：

```
$ ID=$(docker container run -d -t -i ubuntu /bin/bash)`
$ docker attach $ID
```

在前面的例子中，我們選用 /bin/bash 在容器中執行。之後我們附加到容器
的時候，將會取得交談互動的 shell。我們也可以執行一個沒有互動的處理
程序，把它丟到背景中執行，讓它成為以守護態（daemonized）形式的容
器，如下所示：

```
$ docker container run -d  ubuntu \
      /bin/bash -c  \
      "while [ true ]; do date; sleep 1; done"
```

要在離開程序之後移除容器，可以在開啟容器執行程序時加上「--rm」選項，如下所示：

```
$ docker run --rm ubuntu date
```

如此，當 date 指令結束之後，該容器也會一併被移除。

run 指令的「--read-only」選項將會把根檔案系統（root filesystem）掛載為唯讀模式：

```
$ docker container run --read-only --rm \
      ubuntu touch file
touch: cannot touch 'file': Read-only filesystem
```

你也可以為容器設定一個自訂的標籤，之後就可以用這個標籤來把容器放到群組中。你可以參閱本章的「**為容器建立標籤及過濾容器**」訣竅以看到更多的資訊。

有三種方式可以存取容器：使用名稱、使用它的簡短容器 ID（0df95cc49e25）、以及容器 ID（0df95cc49e258b74be713c31d5a28b9d590906ed9d6e1a2dc75672aa48f28c4f）。

◉ 可參閱

要查詢 docker run 的使用說明，可執行以下的指令：

```
$ docker container run --help
```

你可以在 Docker 的網站上看到相關的說明文件：

https://docs.docker.com/engine/reference/commandline/container_run/

列出容器

我們可以列出正在執行中以及停止中的容器。

◉ 備妥

請確定你的 Docker daemon 在你的主機中正常執行,而且也可以透過
Docker client 順利連線。你也需要一些正在執行中還有一些停止中的容器。

◉ 如何做

要列出容器,可以使用以下這個指令:

```
docker container ls [OPTIONS]
```

或是下面這個傳統的指令:

```
docker ps [OPTIONS]
```

```
$ docker container ls
CONTAINER ID    IMAGE         COMMAND               CREATED         STATUS          PORTS      NAMES
bae274ee1e60    nginx:alpine  "nginx -g 'daemon ..." 22 seconds ago  Up 21 seconds   80/tcp     awesome_perlman
1a9d18cef22d    ubuntu        "/bin/bash"            3 minutes ago   Up 3 minutes               gracious_kirch
```

◉ 如何辦到的

Docker daemon 將會先檢視於容器裡含的中繼資料(metadata)然後把它們
列出來。預設的情況下,這個指令將會列出以下的資訊:

- 容器 ID
- 此容器是依據哪一個映像檔所建立的
- 在啟動了容器之後所執行的指令
- 這個容器是什麼時候建立的

- 容器目前的狀態
- 此容器對外的連接埠
- 此容器的名稱

◉ 補充資訊

如果想要列出包括執行中以及停止中的容器，請加上「-a」這個選項：

```
$ docker container ls -a
CONTAINER ID    IMAGE          COMMAND               CREATED         STATUS                    PORTS      NAMES
bae274ee1e60    nginx:alpine   "nginx -g 'daemon ..."   4 minutes ago   Up 4 minutes              80/tcp     awesome_perlman
38c34651c8ca    node:alpine    "node"                5 minutes ago   Exited (0) 5 minutes ago             nifty_curran
1a9d18cef22d    ubuntu         "/bin/bash"           7 minutes ago   Up 7 minutes                         gracious_kirch
```

如果只想要列出所有容器的 ID，可以使用「-aq」選項：

```
$ docker container ls -aq
bae274ee1e60
38c34651c8ca
1a9d18cef22d
```

要顯示上一個建立的容器，包括沒有在執行的容器，請執行以下的指令：

```
$ docker container ls -l
```

如果在 ps 指令中使用「--filter/-f」參數，可以列出使用特定標籤的容器。你可以參閱本章的「為容器建立標籤及過濾容器」。

◉ 可參閱

要查詢 docker container ls 的使用說明，可輸入如下：

```
$ docker container ls --help
```

你可以在 Docker 的網站上看到相關的說明文件：

https://docs.docker.com/engine/reference/commandline/container_ls/

檢視容器的日誌檔 ▪▪▪

如果容器有發佈日誌（logs）或是把它輸出到 **STDOUT/STDERR**，那麼我們就可以取得這些資訊而不需要登入到容器中。

◉ 備妥

請確定 Docker daemon 在主機上正常執行，而且也可以被 Docker client 順利連線。你也需要一個執行中的容器，它會在 **STDOUT** 管道發送日誌 / 輸出。

◉ 如何做

要從容器取得日誌，請執行以下的指令：

```
docker container logs [OPTIONS] CONTAINER
```

或是執行以下這個舊式指令：

```
docker logs [OPTIONS] CONTAINER
```

讓我們從先前的章節中執行成守護態容器的例子來檢視容器的日誌：

```
$ docker container run -d  ubuntu \
      /bin/bash -c  \
      "while [ true ]; do date; sleep 1; done"
```

```
$ ID=$(docker container run -d ubuntu /bin/bash -c "while [ true ]; do date; sleep 1; done")
$ docker container logs $ID
Sat Sep  2 14:39:12 UTC 2017
Sat Sep  2 14:39:13 UTC 2017
Sat Sep  2 14:39:14 UTC 2017
Sat Sep  2 14:39:15 UTC 2017
Sat Sep  2 14:39:16 UTC 2017
Sat Sep  2 14:39:17 UTC 2017
Sat Sep  2 14:39:18 UTC 2017
Sat Sep  2 14:39:19 UTC 2017
Sat Sep  2 14:39:20 UTC 2017
```

⊙ 如何辦到的

Docker 將會去 /var/lib/docker/containers/<ContainerID>/<Container ID>
-json.log 中找到容器的特定日誌檔案然後顯示出結果。

⊙ 補充資訊

使用「-t」參數，可以取得每一行 log 紀錄的時間戳記，而使用「-f」參數
則可以讓我們從後面的紀錄開始看。

⊙ 可參閱

你可以使用 help 的參數取得 docker container logs 的使用說明：

```
$ docker container logs --help
```

也可以在 Docker 的網站上看到相關的說明文件：

https://docs.docker.com/engine/reference/commandline/container_logs/

 # 停止容器的運行

我們一次可以停止一個或多個容器。在這個訣竅中，將會先啟動一個容
器，然後讓它停止。

⊙ 備妥

請確定你的 Docker daemon 正在你的主機中執行，而且也可以透過 Docker
client 順利連線。你還需要一個或一個以上正在執行中的容器。

⊙ 如何做

要停止容器的執行，請執行以下的指令：

```
docker container stop [OPTIONS] CONTAINER [CONTAINER...]
```

或是執行以下這個舊式的指令也可以：

```
docker stop [OPTIONS] CONTAINER [CONTAINER...]
```

如果你已經有一些正在執行中的容器，那麼你可以直接把它們中止，否則，你就需要先建立一個，然後再使用以下的步驟把它中止：

```
$ ID=$(docker run -d -i ubuntu /bin/bash)
$ docker stop $ID
```

◉ 如何辦到的

藉由停止在容器中執行的處理程序可以把容器的狀態從 running 變成 stop。一個停止中的容器如果需要的話還可以再把它啟動起來。

◉ 補充資訊

若要在等待一段時間之後再停止容器，可以使用 --time/-t 選項。

若要停止所有執行中的容器，請執行以下的指令：

```
$ docker stop $(docker ps -q)
```

◉ 可參閱

以下的指令可以查詢 docker container stop 的使用說明：

```
$ docker container stop --help
```

你也可以在 Docker 的網站上找到相關的說明文件：

https://docs.docker.com/engine/reference/commandline/container_stop/

移除容器

我們也可以永久地移除容器，但是在此之前，需要先把容器停止，或是直接使用 force 選項。在這個訣竅中，我們將會建立一個容器然後移除它。

◉ 備妥

請確定 Docker daemon 正在主機中正常執行，而且可以透過 Docker client 順利連線。還需要有一些在執行中以及停止中的容器，可以讓我們在後面的步驟中移除它們。

◉ 如何做

請使用以下的指令：

```
$ docker container rm [OPTIONS] CONTAINER [CONTAINER]
```

或是執行以下這個舊式指令：

```
$ docker rm [OPTIONS] CONTAINER [CONTAINER]
```

首先，建立一個容器，然後利用以下的指令將其刪除：

```
$ ID=$(docker container create ubuntu /bin/bash)
$ docker container stop $ID
$ docker container rm $ID
```

```
$ ID=$(docker container create ubuntu /bin/bash)
$ docker container ls
CONTAINER ID     IMAGE          COMMAND        CREATED          STATUS       PORTS       NAMES
$ docker container ls -a
CONTAINER ID     IMAGE          COMMAND        CREATED          STATUS       PORTS       NAMES
13e7a274f8d1     ubuntu         "/bin/bash"    About a minute ago   Created                  infallible_goldwasser
$ docker container rm $ID
13e7a274f8d1b50157e50001adeb5a0c666970f3baa0c30233d6931c70685c2c
```

如上圖中看到的，一個停止中的容器使用「ls」指令並不會顯示出來，還要加上「-a」參數才可以在列表上看到該容器。

◉ 補充資訊

要移除一個容器只要使用 docker container stop 指令停止此容器，然後再用 docker container rm 指令就可以了。

如果想要強制地移除一個正在執行中的容器而不打算先停止它，在 docker container rm 後面加上「-f」參數也可以做到。

若要移除所有的容器，首先要停止所有執行中的容器，然後再移除它們。因為這個指令在執行之後會移除所有停止中以及執行中的容器，所以在使用之前要特別小心：

```
$ docker container stop $(docker container ls -q)
$ docker container rm $(docker container ls -aq)
```

當然還有一些選項可以用來一併移除和容器所屬的特定連結（specified link）以及磁碟（volume），這些選項在後面會再加以說明。

◉ 如何辦到的

Docker daemon 會移除啟動這個容器時所建立的讀寫層。

◉ 可參閱

可以使用以下的指令取得 docker container rm 的使用說明：

```
$ docker container rm --help
```

你可以在 Docker 的網站上看到相關的說明文件：

https://docs.docker.com/engine/reference/commandline/container_rm/

移除所有停止中的容器

我們可以使用一個指令就移除所有停止中的容器，在這個訣竅中將會建立一堆處於停止狀態的容器，然後再把它們全部刪除。

◎ 備妥

請確定 Docker daemon 1.13（或更新的版本）在主機上執行，而且可以被 Docker client 順利地連接上。你也需要一些處於停止狀態或是正在執行中的容器，這樣才有容器可以移除。

◎ 如何做

請使用以下的指令：

```
$ docker container prune [OPTIONS]
```

首先，建立容器，接著使用以下的指令進行移除：

```
$ docker container create --name c1 ubuntu /bin/bash
$ docker container run --name c2 ubuntu /bin/bash
$ docker container prune
```

```
$ docker ps -a
CONTAINER ID    IMAGE       COMMAND         CREATED         STATUS                  PORTS       NAMES
63f1f7de6adc    ubuntu      "/bin/bash"     24 hours ago    Up 24 hours                         nervous_swirles
$ docker container create --name c1 ubuntu /bin/bash
35b2e0b876bfe44ad0625e7f2265c205079eafb92364aa4fe83631d43d20a24b
$ docker container run --name c2 ubuntu /bin/bash
$ docker container ls -a
CONTAINER ID    IMAGE       COMMAND         CREATED         STATUS                  PORTS       NAMES
20a439fd9ad6    ubuntu      "/bin/bash"     10 seconds ago  Exited (0) 10 seconds ago           c2
35b2e0b876bf    ubuntu      "/bin/bash"     24 seconds ago  Created                             c1
63f1f7de6adc    ubuntu      "/bin/bash"     24 hours ago    Up 24 hours                         nervous_swirles
$ docker container prune
WARNING! This will remove all stopped containers.
Are you sure you want to continue? [y/N] y
Deleted Containers:
20a439fd9ad61a74c6da1f17b40bc527803804f58024f67a2ed81e79e5b88775
35b2e0b876bfe44ad0625e7f2265c205079eafb92364aa4fe83631d43d20a24b

Total reclaimed space: 0B
$ docker container ls -a
CONTAINER ID    IMAGE       COMMAND         CREATED         STATUS                  PORTS       NAMES
63f1f7de6adc    ubuntu      "/bin/bash"     24 hours ago    Up 24 hours                         nervous_swirles
```

◉ 補充資訊

在預設的情況下，`docker container prune` 指令會出現一個詢問訊息，要求使用者再次確認是否要移除所有非執行中的容器。

你可以使用「`-f`」或是「`--force`」選項讓 `docker container prune` 這個指令不會出現前述的詢問訊息。

◉ 如何辦到的

Docker daemon 將會一直重複地找出所有非執行中的容器，然後移除它們。

◉ 可參閱

你可以使用以下的指令取得 docker container prune 的使用說明：

```
$ docker container prune --help
```

你可以在 Docker 的網站上看到相關的說明文件：

https://docs.docker.com/engine/reference/commandline/container_prune/

設定容器的重啟策略

在 Docker 1.2 版之前，當容器在不管什麼原因之下離開之後，或是 Docker 主機被重新開機了，容器需要手動地使用 restart 指令去重啟它。而在 Docker 1.2 版之後，加入了一個可以設定重啟策略（restart policy）的機制，讓 Docker engine 可以自動地重啟容器。這個功能可以在 run 指令之後使用「`--restart`」選項來啟用，也支援在 Docker 主機啟動時的設定、或是當容器發生錯誤的時候也可以。

◎ 備妥

確定 Docker daemon 在主機上正確地執行，而且可以被 Docker client 順利地連接上。

◎ 如何做

你可以使用以下的語法來設定重啟策略：

```
$ docker container run --restart=POLICY [OPTIONS] image[:TAG]
[COMMAND] [ARG...]
```

以下是使用前述指令的例子：

```
$ docker container run --restart=always -d -i -t ubuntu /bin/bash
```

有三種可以選用的重啟策略：

* no：如果容器結束了也不會重新啟動。

* on-failure::如果容器發生了錯誤，也就是出現非零的離開碼（nonzero exit code），就會重新啟動容器。

* always：不管回傳碼是什麼，都會重新啟動容器。

◎ 補充資訊

你可以使用以下的方法設定在「on-failure」策略中重新啟動的次數：

```
$ docker container run --restart=on-failure:3 \
     -d -i -t ubuntu /bin/bash
```

前面的這個指令設定的內容是，當容器發生任何錯誤的時候，將只會重新啟動 3 次。

◎ 可參閱

可以使用以下的指令檢視 docker container run 的使用說明：

```
$ docker container run --help
```

你也可以在 Docker 的網站上看到相關的說明文件：

https://docs.docker.com/engine/reference/commandline/conconcon_run/

https://docs.docker.com/engine/reference/run/#restart-policies-restart

關於容器自動啟動的說明文件可以在這裡找到：

https://docs.docker.com/engine/admin/start-containers-automatically/

如果重啟策略並不能滿足你的需求，也可以使用系統層級的處理程序管理器（process managers）如 systemd、supervisor、或是 upstart。

 ## 在容器中取得特權存取權限

Linux 把超級使用者（superuser）所擁有的特權區分成一些獨立的單位，也就是大家所熟知的 capabilities（在 Linux 作業系統中執行 man capabilities 就可以看到說明），它們可以被獨立地啟用或是取消。例如，net_bind_service 這個 capability 允許非使用者的行程（process）bind 低於 1,024 的連接埠號。在預設的情況下，Docker 啟用的容器之 capabilities 是受限制的。在容器中具有特權存取，我們就可以配置更多的 capabilities 以在容器中執行一般情況下必須是 root 使用者才能執行的操作。為了要更瞭解特權模式（privileged mode），首先我們試著在非特權容器中簡單地執行掛載指令，然後觀察它的影響：

```
$ docker container run -i -t --rm ubuntu
root@2b18ef56877f:/# mount --bind /home/ /mnt/
mount: permission denied
```

◉ 備妥

請確定 Docker daemon 在主機中處於執行狀態,而且可以被 Docker client 順利地連接上。

◉ 如何做

要使用 privileged mode,請使用以下的指令:

```
$ docker container run --privileged [OPTIONS] IMAGE [COMMAND] [ARG...]
```

現在,試著讓前面的範例具有 privileged 存取權利:

```
$ docker container run --privileged -i -t ubuntu /bin/bash
```

```
$ docker container run -it --rm --privileged ubuntu
root@7ea970a93921:/# mount --bind /home/ /mnt/
root@7ea970a93921:/# ls /mnt/
root@7ea970a93921:/# touch /home/file-in-home
root@7ea970a93921:/# ls -l /mnt/
total 0
-rw-r--r-- 1 root root 0 Sep  3 15:56 file-in-home
```

◉ 如何辦到的

此種方式在容器中提供了幾乎所有的能力。

◉ 補充資訊

此模式在當容器可以取得對於 Docker 主機 root 層級的存取時會引發安全性的風險。在 Docker 1.2 或是更新的版本中,有兩個新的旗標「--cap-add」以及「--cap-del」可以讓我們在容器中微調這些 capabilities。例如,為了避免在容器中使用 chown,可以透過以下的指令達成:

```
$ docker container run --cap-drop=CHOWN [OPTIONS] IMAGE [COMMAND] [ARG...]
```

更詳細的資訊，請參閱第 9 章「*Docker 安全性*」。

◉ 可參閱

你可以使用以下的指令取得 docker container run 的使用說明：

```
$ docker container run --help
```

你可以在 Docker 的網站上看到相關的說明文件：

- https://docs.docker.com/engine/reference/commandline/container_run/
- https://docs.docker.com/engine/reference/run/#runtime-privilege-and-linux-capabilities

Docker 1.2 的釋出訊息可以在這裡找到：

http://blog.docker.com/2014/08/announcing-docker-1-2-0/

在容器中存取主機裝置

自 Docker 1.2 之後，可以在容器中使用「--device」參數，並在其後加上想要執行的指令以存取主機上的裝置。在之前，你必須要透過「-v」參數進行連結及掛載，並且需要使用「--privileged」選項才能夠完成此項作業。

◉ 備妥

確定 Docker daemon 在主機上正確地執行，而且可以透過 Docker client 順利連接上。你也需要一個給容器使用的裝置。

◎ 如何做

你可以使用以下的語法在容器內存取主機上的裝置：

---

    docker container run --device=<Host Device>:<Container Device
Mapping>:<Permissions> [OPTIONS] IMAGE [COMMAND] [ARG...]

底下是一個使用前述指令的例子：

```
$ docker container run --device=/dev/sdc:/dev/xvdc \
        -i -t ubuntu /bin/bash
```

◎ 如何辦到的

使用前述的指令將可以在容器中存取 /dev/sdc。

◎ 可參閱

你可以檢視 docker container run 的使用說明如下：

```
$ docker container run --help
```

你可以在 Docker 的網站上看到相關的說明文件：

---

https://docs.docker.com/engine/reference/commandline/container_run/

 ## 將新處理程序注入到執行中的容器 ▪▪▪

當在開發以及偵錯階段時，可能會想要檢視一個正在執行中的容器內部。有一些工具像是 nsenter（https://github.com/jpetazzo/nsenter）讓我們可以進入容器的命名空間中以觀察其狀態。透過在 Docker 1.3 所加入的「exec」選項，可以把一個新的處理程序注入到正在執行的容器中。

◉ 備妥

確定你的 Docker daemon 正確執行在主機上,而且能夠透過 Docker client 順利連接上。你也需要一個正在執行中的容器以便注入新的處理程序。

◉ 如何做

使用以下的指令可以把一個處理程序注入到正在執行中的容器裡:

```
$ docker exec [OPTIONS] CONTAINER COMMAND [ARG...]
```

先啟動一個 nginx 容器,然後把 bash 注入到其中:

```
$ ID=$(docker container run -d redis)
$ docker container exec -it $ID /bin/bash
```

```
$ ID=$(docker container run -d redis)
$ docker container exec -it $ID /bin/bash
root@142f21ef5428:/data# ps aux
USER       PID %CPU %MEM    VSZ   RSS TTY      STAT START   TIME COMMAND
redis        1  0.2  0.4  41640  9604 ?        Ssl  16:37   0:00 redis-server *:6379
root        17  0.2  0.1  20248  3236 pts/0    Ss   16:37   0:00 /bin/bash
root        21  0.0  0.1  17500  2072 pts/0    R+   16:37   0:00 ps aux
```

◉ 如何辦到的

指令 exec 進入容器的命名空間並且啟動了一個新的處理程序。

◉ 可參閱

你可以使用 help 選項取得使用說明:

```
$ docker container exec --help
```

你可以在 Docker 的網站上看到相關的說明文件:

https://docs.docker.com/engine/reference/commandline/container_exec/

讀取容器的中繼資料

進行偵錯、自動化等作業時，需要容器的詳細配置資料。Docker 提供 container inspect 指令讓這些資料可以很容易地取得。

◎ 備妥

確定 Docker daemon 在主機上正確地執行，而且可以被 Docker client 順利連接上。

◎ 如何做

要觀察容器，請執行以下的指令：

```
$ docker container inspect [OPTIONS] CONTAINER [CONTAINER...]
```

以下將會啟動一個容器，然後進行觀察：

```
$ ID=$(docker container run -d -i ubuntu /bin/bash)
$ docker container inspect $ID
```

```
[
    {
        "Id": "63f1f7de6adc1c31e2d47d23d5cb8e30c2a5b2727e48bb6a855a5bb2b3e90d51",
        "Created": "2017-09-02T18:23:50.1972163177",
        "Path": "/bin/bash",
        "Args": [],
        "State": {
            "Status": "running",
            "Running": true,
            "Paused": false,
            "Restarting": false,
            "OOMKilled": false,
            "Dead": false,
            "Pid": 21116,
            "ExitCode": 0,
            "Error": "",
            "StartedAt": "2017-09-02T18:23:50.4396302172",
            "FinishedAt": "0001-01-01T00:00:00Z"
        },
        "Image": "sha256:ccc7a11d65b1b5874b65adb4b2387034582d08d65ac1817ebc5fb9be1baa5f88",
```

◉ 如何辦到的

Docker 會仔細檢視指定容器的中繼資料以及配置檔案，然後以 JSON 格式顯示出來。使用像是 jq 這一類的工具，JSON 格式的輸出可以用來做進一步地後續處理。

◉ 補充資訊

使用「-f」或是「--format」選項，我們可以使用 Go（程式語言的一種）樣板去取得特定的資訊。下面這個指令將可以找出容器的 IP 位址：

```
$ docker container inspect \
    --format='{{.NetworkSettings.IPAddress}}'  $ID
172.17.0.2
```

◉ 可參閱

以下的指令可以顯示 docker container inspect 的使用說明：

```
$ docker container inspect --help
```

在 Docker 的網站上可以找到詳細的說明文件：

https://docs.docker.com/engine/reference/commandline/container_inspect/

為容器建立標籤及過濾容器

Docker 1.6 時加入了一個功能可以讓我們為容器和映像檔加上標籤，透過此種方式可以加上任意的鍵值作為中繼資料（metadata）。你可以把它們想成是環境變數，它們在容器中並沒辦法讓應用程式取用，但是卻可以透過 Docker client 管理容器和映像檔。我們也可以在啟始容器的時候順便附加上標籤。有了標籤的映像檔或是容器，之後就可以透過這些標籤來作為過濾或是選擇特定的對象之用。

在這個訣竅中，假設我們有一個映像檔它有 com.example.image=docker-cookbook 這個標籤。在下一章就會看到如何對映像檔設定標籤：

```
$ docker image ls
REPOSITORY         TAG           IMAGE ID           CREATED            SIZE
label-demo         latest        137e19689995       About a minute ago 120MB
ubuntu             latest        ccc7a11d65b1       3 weeks ago        120MB
nginx              latest        b8efb18f159b       5 weeks ago        107MB
redis              latest        d4f259423416       5 weeks ago        106MB
fedora             latest        49236bc2f0da       6 weeks ago        231MB
nginx              alpine        ba60b24dbad5       7 weeks ago        15.5MB
alpine             latest        7328f6f8b418       2 months ago       3.97MB
$ docker image ls --filter label=com.example.image=docker-cookbook
REPOSITORY         TAG           IMAGE ID           CREATED            SIZE
label-demo         latest        137e19689995       2 minutes ago      120MB
```

就像是你在上圖中看到的，如果我們在 docker image ls 中使用 filter 的話，就只會看到在映像檔中繼資料裡有相關標籤的那些映像檔。

◉ 備妥

請確定 Docker daemon 1.6 或是更新的版本正確地在主機上執行，而且可以被 Docker client 順利地連接上。

◉ 如何做

在 docker container run 指令後面加上「--label」或是「-l」選項，可以在容器的中繼資料裡加上標籤，如下所示：

```
$ docker container run \
    --label com.example.container=docker-cookbook \
  label-demo date
```

請啟動一個沒有加上標籤的容器，以及另外兩個使用相同標籤的容器如下：

```
$ docker container run --name container1 label-demo date
Mon Sep  4 16:55:31 UTC 2017
$ docker container run --name container2 --label com.example.container=docker-cookbook label-demo date
Mon Sep  4 16:56:05 UTC 2017
$ docker container run --name container3 --label com.example.container=docker-cookbook label-demo date
Mon Sep  4 16:56:13 UTC 2017
```

現在，如果我們執行 docker container ls -a 指令而不加上任何過濾器的話，將會列出所有的容器。然而，可以在 docker container ls -a 指令後面加上「--filter」或是「-f」選項，指定設定過的標籤，以限制顯示的容器列表：

```
$ docker container ls -a
CONTAINER ID    IMAGE         COMMAND         CREATED          STATUS                 PORTS        NAMES
24cc2ca3070f    label-demo    "date"          12 seconds ago   Exited (0) 11 seconds ago           container3
f5c94b2c23db    label-demo    "date"          19 seconds ago   Exited (0) 18 seconds ago           container2
42810926fc8c    label-demo    "date"          53 seconds ago   Exited (0) 52 seconds ago           container1
63f1f7de6adc    ubuntu        "/bin/bash"     47 hours ago     Up 47 hours                         nervous_swirles
$ docker container ls -a --filter label=com.example.image=docker-cookbook
CONTAINER ID    IMAGE         COMMAND         CREATED          STATUS                 PORTS        NAMES
24cc2ca3070f    label-demo    "date"          2 minutes ago    Exited (0) 2 minutes ago            container3
f5c94b2c23db    label-demo    "date"          3 minutes ago    Exited (0) 3 minutes ago            container2
42810926fc8c    label-demo    "date"          3 minutes ago    Exited (0) 3 minutes ago            container1
$ docker container ls -a --filter label=com.example.container=docker-cookbook
CONTAINER ID    IMAGE         COMMAND         CREATED          STATUS                 PORTS        NAMES
24cc2ca3070f    label-demo    "date"          2 minutes ago    Exited (0) 2 minutes ago            container3
f5c94b2c23db    label-demo    "date"          2 minutes ago    Exited (0) 2 minutes ago            container2
```

◉ 如何辦到的

Docker 在啟動容器時把標籤附加到它的中繼資料中，然後當在執行列表或是其他相關指令的時候檢查其指定的標籤是否符合。

◉ 補充資訊

所有被附加到容器的標籤都可以透過 docker container inspect 指令把它們列出來。就如同你所看到的，inspect 指令會傳回附加到這個容器的映像檔和容器的所有標籤。

```
$ docker container inspect --format '{{json .Config.Labels}}' container2 | jq "."
{
  "com.example.image": "docker-cookbook",
  "com.example.container": "docker-cookbook"
}
```

你可以從檔案裡套用標籤到容器中，只要使用「--label-file」選項就可以了。這個檔案必須要把所有要設定的每一個標籤都用 EOL（End Of Line）符號隔開。

這些標籤和 Kubernetes 標籤並不相同。Kubernetes 的標籤將會在第 8 章「*Docker 的協作以及組識一個平台*」中說明。

◉ 可參閱

詳細的說明文件可以在 Docker 網站中找到：

https://docs.docker.com/engine/reference/commandline/container_run/

建議的標籤鍵（key）格式可以在這裡找到：

https://docs.docker.com/engine/userguide/labels-custom-metadata/#key-format-recommendations

標籤值的使用指引可以在這裡找到：

https://docs.docker.com/engine/userguide/labels-custom-metadata/#value-guidelines

關於標籤功能被加到 Docker 的細節，可以在這裡找到：

http://rancher.com/docker-labels/

 # 在容器中進行 reaping zombie

在 Linux（以及所有 Unix-like）作業系統中，當一個行程（process）結束時，所有和它連結的資源都會被釋放，而它自己則會在行程表中留下一個項目。這個在行程表中的項目會一直保留在表中，直到它的父行程讀取它以瞭解關於它的子行程之結束狀態。此種行程的暫時性狀態就被叫做 **zombie（殭屍行程）**。一旦父行程讀取了這個項目的內容之後，這個

zombie 行程就會被從行程表中移除，這個動作就叫做 reaping（收割）。如果父行程比子行程還要早結束的話，初始行程（init process, PID 1）就會收養這個子行程，最終會在 init 結束時 reaping 這個子行程：

```
$ pstree -p                                    $ pstree -p
init(1)──┬─acpid(1121)                         systemd(1)─┬─accounts-daemon(1117)─┬─{gdbus}(1135)
         ├─atd(1123)                                      │                       └─{gmain}(1133)
         ├─cron(1122)                                     ├─acpid(1075)
         ├─dbus-daemon(890)                               ├─agetty(1244)
         ├─dhclient(579)                                  ├─agetty(1247)
         ├─getty(1067)                                    ├─atd(1108)
         ├─getty(1070)                                    ├─cron(1061)
         ├─getty(1074)                                    ├─dbus-daemon(1081)
         └─getty(1075)                                    ├─dhclient(926)
```

如上圖所示，在左側我們監看了 Ubuntu 14.04 的行程樹（process tree），右側則是 Ubuntu 18.04 的行程樹。如同我們所看到的，兩個行程樹都有一個 PID 1 的初始行程。

 systemd 是 init 的另外一種變化形，它在許多 Linux 發佈版本中使用。

如果我們回到之前所討論的 Docker 命名空間，Docker engine 為每一個容器建立新的 PID 命名空間，因此在容器內部的第一個行程都會被映射到 PID 1。Docker 是被設計為每一個容器執行一個行程而且通常一個執行中的行程在容器裡並不會建立子行程。然而，如果在容器中的行程建立子行程，則 init 系統就需要去 reap zombie 行程。在這個訣竅中，我們將會檢視如何去為我們的容器配置 init 行程，讓此行程可以進行 reap zombie 行程之作業。

◉ 備妥

確定在主機上執行的 Docker daemon 是 1.13 或更新的版本，同時可以被 Docker client 順利地連線。

◉ 如何做

啟始容器時，可以在 Docker container run 指令之後使用「--init」參數以設定 init 行程，語法如下：

```
docker container run --init [OPTIONS] IMAGE [COMMAND] [ARG...]
```

讓我們先建立 4 個容器，其中 2 個不指定 --init 選項，而另外 2 個則使用 --init 選項，我們的目的是為了使用 pstree 指令以比較行程樹不同的地方：

```
$ docker container run --rm alpine pstree -p
pstree(1)
$ docker container run --rm  alpine sh -c "pstree -p"
sh(1)---pstree(6)
$ docker container run --rm --init alpine pstree -p
init(1)---pstree(5)
$ docker container run --rm --init alpine sh -c "pstree -p"
init(1)---sh(6)---pstree(7)
```

◉ 補充資訊

在預設的情形下，docker container run --init 指令使用 tini（https://github.com/krallin/tini）作為 init 行程。

daemon 旗標「--init-path」讓你可以配置自己的 init 行程。

◉ 如何辦到的

Docker daemon 將會啟動容器並把 init 作為第一個行程，然後緊接著其他指定的指令。

◉ 可參閱

使用以下的指令可以檢視 docker container run 的使用說明：

```
$ docker container run --help
```

在 Docker 的網站上可以找到詳細的說明文件：

https://docs.docker.com/engine/reference/commandline/container_run/

操作 Docker 映像檔

本章涵蓋以下主題

- 從容器建立映像檔

- 在 Docker Hub 中建立一個帳號

- Docker image registry 的登入及登出

- 發佈映像檔到 registry

- 檢視映像檔的歷史資訊

- 移除映像檔

- 匯出映像檔

- 匯入映像檔

- 使用 Dockerfile 建立一個映像檔

- Dockerfile 範例：建立一個 Apache 映像檔

- 設置私有的 index/registry

- 使用 GitHub 和 Bitbucket 進行自動化建置

- 產生一個自訂的基礎映像檔

- 使用 scratch base image 建立最小化的映像檔

- 以多階段方式建立映像檔

- 視覺化映像檔的階層結構

簡介

Docker 的映像檔是 Docker 容器技術典範之最重要的建構方塊。正如你已經瞭解到的，Docker 容器就是由映像檔所建立的。根據應用程式的需求，可以使用由 Docker 或是第三方熱心人士所提供的現有映像檔去建立複雜的服務。如果這些現有的映像檔不符合需求，也可以延伸這些現存的映像檔，或是自訂一個自己的映像檔。

本章將會介紹 Docker Hub，讓你知道如何透過 Docker Hub 分享映像檔，以及管理一個自己的 Docker registry。我們將會展示建立自己的映像檔之幾種不同方式，以及對於 Docker 映像檔的管理與操作。

我們使用 Ubuntu 18.04 作為主要的環境，同樣的操作應該也可以在其他環境中順利地進行。

從容器建立映像檔

建立映像檔有許多種方式，其中一種是手動地在容器中做些改變，然後把容器 commit 成為映像檔，另外一個方式則是依據 Dockerfile 的內容建立出映像檔。在這個訣竅中將先探討前者，在本章的後面再來說明關於 Dockerfile 建立的部份。

當建立了一個新的容器時，會在容器上疊加一個讀寫層（read/write layer），此讀寫層如果沒有先把它儲存下來的話就會被銷毀。在這個訣竅中，我們將會學習到如何把這一層儲存下來，然後使用 docker container commit 指令從執行中或是停止中的容器建立一個新的映像檔。以下是 docker container commit 指令的語法：

```
$ docker container commit [OPTIONS] CONTAINER [REPOSITORY[:TAG]]
```

◉ 備妥

請確定 Docker daemon 正常運行而且存取的是 Ubuntu 映像檔。

◉ 如何做

請依照以下的步驟進行：

1. 使用 `docker container run` 指令從 ubuntu 映像檔啟始一個容器如下：

```
$ docker container run -i -t ubuntu /bin/bash
root@6289e32373bf:/#
```

2. 一旦容器啟用了之後，請在這個容器的提示介面中輸入 `apt-get update` 以同步套件的清單，如下面的螢幕截圖所示：

```
root@6289e32373bf:/# apt-get update
Get:1 http://archive.ubuntu.com/ubuntu xenial InRelease [247 kB]
Get:2 http://security.ubuntu.com/ubuntu xenial-security InRelease [102 kB]
Get:3 http://archive.ubuntu.com/ubuntu xenial-updates InRelease [102 kB]
```

3. 使用 `apt-get install` 安裝 apache2 套件：

```
root@6289e32373bf:/# apt-get install -y apache2
Reading package lists... Done
Building dependency tree
Reading state information... Done
The following additional packages will be installed:
```

4. 現在，開啟另外一個終端機，然後使用 `docker container commit` 指令建立一個映像檔：

```
$ docker container ls
CONTAINER ID      IMAGE          COMMAND          CREATED          STATUS          PORTS
6289e32373bf      ubuntu         "/bin/bash"      38 minutes ago   Up 38 minutes
$ docker container commit --author "Jeeva S. Chelladhurai" \
                 --message "Ubuntu with apache2 package" \
                 6289e32373bf myapache2
sha256:061058607f399d7f3b1d72934725e4be4a2fc17a84105f944a519d5a7a3b3a07
$ docker image ls
REPOSITORY        TAG            IMAGE ID         CREATED          SIZE
myapache2         latest         061058607f39     15 seconds ago   258MB
ubuntu            latest         ccc7a11d65b1     4 weeks ago      120MB
centos            centos7        328edcd84f1b     3 weeks ago      193MB
alpine            edge           6ab1c97283af     4 weeks ago      3.95MB
```

正如你所看到的，一個新的映像檔以 myapache2 這個名字 commit 到本地倉庫中，而且也被加上了 latest 這個標記。

◉ 如何辦到的

在第 1 章「簡介與安裝」中，我們知道 Docker 映像檔是以分層的方式所組成，而且逐層地堆疊在它的父層映像檔之上。當啟動了一個容器，系統也會跟著建立一個短暫的讀寫層。所有對於檔案系統的變更（也就是，新增、修改、或是刪除檔案），包括 apt-get 更新以及 install 指令等等都會被保留在這個讀寫層中。如果我們停止而且刪除該容器，和此容器相關聯的讀寫層也會一併被移除，最重要的是，我們將會失去所有套用到該容器中的變更。

在這個訣竅中，我們透過 docker container commit 永久保存這個暫時的讀寫層。對影響的層面來說，commit 作業會建立另外一個映像檔層，然後把它和其他層的映像檔通通放在 Docker 主機中。

◉ 補充資訊

docker container diff 指令會列出從映像檔中取出的在容器檔案系統上的所有變更，請參考以下的指令碼：

```
$ docker diff 6289e32373bf
...OUTPUT SNIPPED...
C /var/log
C /var/log/alternatives.log
A /var/log/apache2
A /var/log/apache2/access.log
A /var/log/apache2/error.log
A /var/log/apache2/other_vhosts_access.log
... OUTPUT SNIPPED...
```

可以看到在輸出的每一個項目之前均有一個前置字元，這些前置字元所代表的意思說明如下：

- **A:** 被新增的檔案 / 目錄

- **C:** 被變更的檔案 / 目錄

- **D:** 被刪除的檔案 / 目錄

在預設的情況下，容器在進行 commit 時會被暫停。你可以透過傳遞「--pause=false」參數來改變這個行為。

◉ 可參閱

可以使用 help 選項取得 docker container commit 指令的使用說明：

```
$ docker container commit --help
```

要瞭解更多的資訊，在 Docker 的網站上可以找到詳細的說明文件：

```
https://docs.docker.com/engine/reference/commandline/container_commit/
```

 ## 在 Docker Hub 中建立一個帳號

Docker Hub 是一個雲端的公開 registry 服務，用來放置公開的和私人的映像檔、分享這些映像檔、以及和其他人進行合作。它整合了 GitHub 以及 Bitbucket，如此可以觸發自動化組建作業。

要在 Docker Hub 上放置你的映像檔，需要建立一個 Docker ID。有了這個 ID 才可以在 Docker Hub 中建立任意數量的公共倉庫。

 Docker Hub 提供一個免費的私有倉庫，如果需要超過一個私有倉庫，可以升級到付費方案。一個倉庫可以用來保留不同版本的映像檔。

⊙ 備妥

要註冊帳號,你需要使用任一個標準的瀏覽器來進行操作。

⊙ 如何做

請依照以下的步驟進行:

1. 前往 `https://hub.docker.com`:

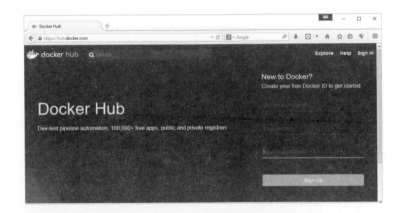

2. 輸入想要的 Docker ID、一個有效的電子郵件位址、以及打算使用的密碼,最後再點擊「**Sign Up**」按鈕。

3. 如果成功建立了帳號,Docker Hub 將會顯示如下所示的資訊:

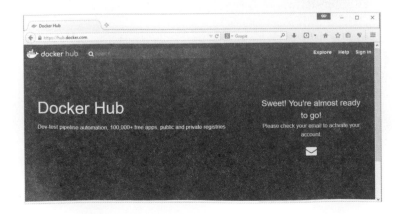

4. 由上圖可見，帳號還沒有被啟用。為了啟用帳號，需要到你的電子
郵件帳號收件匣中找到並開啟電子郵件確認信，然後點擊「**Confirm Your Email**」按鈕，如下圖：

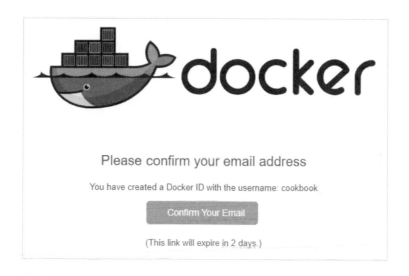

5. 一旦確認了電子郵件，你將會被引導到一個「**Welocme to Docker**」的
歡迎畫面，如下圖所示：

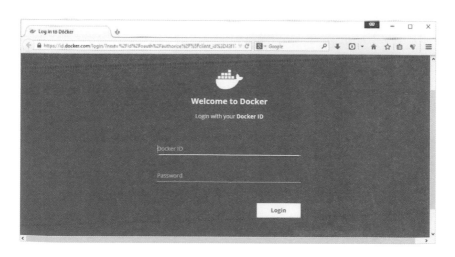

現在，已經成功建立以及啟用你的 Docker Hub 帳號了。

◉ 如何辦到的

在前面的步驟中將會建立一個 Docker Hub 帳號。當這個帳號被建立後，你會收到一封確認信，請點擊確認按鈕。

◉ 可參閱

- Docker 網站的相關說明文件如下：

  - https://docs.docker.com/docker-hub

  - https://docs.docker.com/docker-hub/accounts

  - https://hub.docker.com/help

 Docker image registry 的登入及登出

在容器化的世界中，會用到 Docker registry 來發佈你的映像檔讓公眾使用，或是私下分享映像檔。要把映像檔推送到公開的倉庫中，你需要登入 Docker registry 而且你還必須是倉庫的擁有者。在一個私有倉庫的例子中，包括推送以及提取都是被允許的，但是只有在你是處於登入狀態的情況下才行。在這個訣竅中將會看到如何去登入以及登出 Docker registry。

◉ 備妥

確定你有一個有效的 Docker ID 或是 GitLab 帳號。

◉ 如何做

docker login 指令讓你可以在同一個時間中登入超過一個以上的 Docker registry。同樣的，docker logout 指令則是讓你從指定的伺服器登出。以下是 Docker login 以及 logout 指令的語法：

```
$ docker login [OPTIONS] [SERVER]
$ docker logout [SERVER]
```

在預設的情況下，包括 docker login 以及 docker logout 指令都是以
https://hub.docker.com 作為預設的 registry，這當然也是可以變更的設定。

接著我們將更進一步地說明這個程序，如下圖所示：

- 登入預設的 Docker registry

- 登入在 https://about.gitlab.com/ 中的 registry

- 讀出已存在的登入資訊

- 從所有的 registry 中登出

```
$ docker login
Login with your Docker ID to push and pull images from Docker Hub. If you don't have a Docker ID,
head over to https://hub.docker.com to create one.
Username: cookbook
Password:
Login Succeeded
$ docker info | egrep ^\(Username\|Registry\)
Username: cookbook
Registry: https://index.docker.io/v1/
$ docker login registry.gitlab.com
Username: sjeeva@gmail.com
Password:
Login Succeeded
$ cat ~/.docker/config.json

        "auths": {
                "https://index.docker.io/v1/": {
                        "auth": "Y29va2Jvb2s6c29zZWN1cmU="
                },
                "registry.gitlab.com": {
                        "auth": "c2plZXZhQGdtYWlsLmNvbTpzb3NlY3VyZQ=="
                }
        }
}
$
$ echo -n Y29va2Jvb2s6c29zZWN1cmU= | base64 -d
cookbook:sosecure$
$ docker logout
Removing login credentials for https://index.docker.io/v1/
$ docker logout
Not logged in to https://index.docker.io/v1/
$ docker logout registry.gitlab.com
Removing login credentials for registry.gitlab.com
$ cat ~/.docker/config.json
{
        "auths": {}
}$
```

◉ 如何辦到的

在這個訣竅中使用 docker login 指令登入了兩個 registry，而且檢視了存在於其中的登入資訊。我們也使用 base64 取得已登入的使用者 ID，而它也顯示了保存的密碼，之後，再使用 docker logout 指令登出這兩個 registry。

◉ 補充資訊

預設的情況下，docker login 會以互動的方式要求使用者輸入使用者名稱以及密碼。你也可以切換這樣的行為，改為以批次的方式提供登入用的帳密，提供使用者名稱可使用「-u」或是「--username」，而提供密碼則是「-p」或是「--password」參數。

> 在前面的訣竅中，密碼是被儲存在 $HOME/.docker/config.json 檔案，而且可以很容易地利用 base64 解碼。此種方式並不適用在所有的環境，然而，在其他的情境中，你可以使用像是 docker-credential-helpers 這樣的工具。

◉ 可參閱

- 以下示範如何在 docker login 以及 docker logout 中使用 help 參數：

```
$ docker login -help
$ docker logout --help
```

- 在 Docker 的網站上可以找到詳細的說明文件：

  - https://docs.docker.com/engine/reference/commandline/login/

  - https://docs.docker.com/engine/reference/commandline/logout/

- 在 GitHub 中也有放置關於 Docker credential helpers 的相關說明：

  - https://github.com/docker/docker-credential-helpers

發佈映像檔到 registry

如同在前面的訣竅中提到的，Docker image registry 的作用就好像是一個集線裝置用來儲存以及共享映像檔。在這個訣竅中就來學習如何使用 docker image push 指令把映像檔推送到 registry 上。在本章稍後的地方也會說明如何設置一個 private registry。

◉ 備妥

請確定你已經成功地登入 hub.docker.com，因為在這個訣竅中，我們將會把一個映像檔推送到 hub.docker.com。另外，你也可以使用 private 或是第三方的 Docker image registry。

◉ 如何做

底下就是用來把 Docker 的映像檔推送到 registry 的兩種指令語法：

```
$ docker image push [OPTIONS] NAME[:TAG]
$ docker push [OPTIONS] NAME[:TAG]
```

要把映像檔推送到 Docker registry 上，請依照下列所示的步驟：

1. 先使用 docker image tag 對映像檔標記要使用在 Docker hub 中合適的使用者或組織名稱，如下所示：

```
$ docker image tag myapache2 cookbook/myapache2
```

在此例中，我們把映像檔標記為 cookbook/myapache2，因為在下一個步驟中，我們將會透過 cookbook 這個使用者把映像檔推送到 Docker Hub 中。

2. 現在，使用 docker image push 把映像檔推送到 Docker Hub 上，如下所示：

```
$ docker image push cookbook/myapache2
The push refers to a repository [docker.io/cookbook/myapache2]
65a92f0adf3a: Pushed
a09947e71dc0: Pushed
9c42c2077cde: Pushed
625c7a2a783b: Pushed
25e0901a71b8: Pushed
8aa4fcad5eeb: Pushed
latest: digest: sha256:e737800457b655c783d945ef3423d425b506af2585476761c6ad004cacbd3cce size: 1569
```

3. 當完成了 Docker Hub 的映像檔推送作業之後，可以登入 Docker Hub，然後在它的帳號中檢查一下推送的結果，如下圖所示：

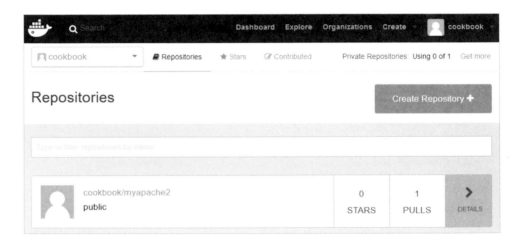

◉ 如何辦到的

docker image push 指令會檢視所有的映像檔 layer，然後把它們製成一個映像檔再送上去，之後會檢查這些映像檔是否已存在於 registry 中。然後 push 指令會把不存在於 registry 中的映像檔全部推送上去。

◉ 補充資訊

若你打算推送一個映像檔到本地端的主機，首先需要有正在執行中的 registry 主機名稱或是 IP 位址以及正確的埠號作為這個映像檔的標記，才能夠推送這個映像檔。

例如，假設我們的 registry 被配置在 shadowfax.example.com，要標記這個映像檔，只要使用以下的指令：

```
$ docker tag myapache2 \
  shadowfax.example.com:5000/cookbook/myapache2
```

然後，使用以下的指令推送這個映像檔：

```
$ docker push shadowfax.example.com:5000/cookbook/myapache2
```

◉ 可參閱

- 以下是使用 docker image push 的 help 使用說明的方式：

  ```
  $ docker push --help
  ```

- 可以在 Docker 的網站上找到詳細的說明文件：

  https://docs.docker.com/engine/reference/commandline/image_push/

檢視映像檔的歷史資訊 ▪▪▪

對我們來說，更深入地瞭解所使用的 Docker 映像檔是非常需要的。docker image history 指令可以幫助我們找出在映像檔中所有的 layer、它的映像檔 ID、此映像檔建立的時間、它的產生方式、映像檔大小、以及任何和這些 layer 有關的附加訊息。

◉ 備妥

在開始下一個訣竅之前,請先提取或匯入任一 Docker 映像檔。

◉ 如何做

要檢視映像檔的歷史資訊可以使用以下的語法:

```
$ docker image history [OPTIONS] IMAGE
```

以下的指令是前述語法的使用範例:

```
$ docker image history myapache2
```

```
$ docker image history myapache2
IMAGE           CREATED         CREATED BY                                      SIZE
061058607f39    6 hours ago     /bin/bash                                       138MB
ccc7a11d65b1    4 weeks ago     /bin/sh -c #(nop)  CMD ["/bin/bash"]            0B
<missing>       4 weeks ago     /bin/sh -c mkdir -p /run/systemd && echo '...   7B
<missing>       4 weeks ago     /bin/sh -c sed -i 's/^#\s*\(deb.*universe\...   2.76kB
<missing>       4 weeks ago     /bin/sh -c rm -rf /var/lib/apt/lists/*          0B
<missing>       4 weeks ago     /bin/sh -c set -xe   && echo '#!/bin/sh' >...   745B
<missing>       4 weeks ago     /bin/sh -c #(nop) ADD file:39d3593ea220e68...   120MB
```

◉ 如何辦到的

當我們建立一個 Docker 映像檔時,Docker engine 會在映像檔的中繼資料中保留了建立此映像檔時所使用的指令。稍後,`docker image history` 指令會遞迴地收集這些用於建構的指令資訊,從最早的基礎映像檔一直到後來組建完成的映像檔,而且會用良好的格式來顯示。

◉ 補充資訊

如之前「從容器建立映像檔」訣竅中所說明的,當 commit 一個映像檔時,我們所加上的訊息並不會出現在 `docker image history` 的輸出中。你可以另外使用 `docker image inspect` 指令如下:

```
$ docker image inspect --format='{{.Comment}}' myapache2
Ubuntu with apache2 package
```

很好，docker image inspect 指令一次只能對一個映像檔進行觀察，但是如果你想要看的是所有映像檔 layer 的資訊，可以對每一個映像檔做一次這個指令，或是使用腳本來自動化地做這些事。不過，因為附加的資訊是選用的，因此你不一定能夠在所有的這些映像檔中看到資訊。

◉ 可參閱

• 以下是 docker image history 使用 help 參數的方式：

```
$ docker image history --help
```

• 可以在 Docker 的網站上找到詳細的說明文件：

https://docs.docker.com/engine/reference/commandline/image_
history/

 ## 移除映像檔

docker image rm 指令讓我們可以從 Docker 主機中移除映像檔。這個指令可以一次移除一個或多個映像檔，以下任一種型式均可以用來指定想要移除的映像檔：

• 映像檔的 short ID。

• 映像檔的 long ID。

• 映像檔的 digest。

• 映像檔的名稱以及它的標記。如果標記沒被指定的話，預設就是 latest。

如果映像檔有一個以上的標記，在移除映像檔之前需要先移除這些標記。不過，另外一種方式是在 docker image rm 後面使用「-f」或是「--force」參數來強制一併移除所有的標記。

以下是 docker image rm 指令的語法：

```
docker image rm [OPTIONS] IMAGE [IMAGE...]
```

在這個訣竅中將會對一個映像檔建立多個標記，然後展示如何去移除它們。

◉ 備妥

在 Docker 主機上應該要有一個或多個 Docker 映像檔而且是可用的。

◉ 如何做

請依照以下的步驟進行：

1. 先選用其中一個已存在的映像檔，在上面新增數個標記，如下圖：

```
$ docker image tag centos:latest centos:tag1
$ docker image tag centos:latest centos:tag2
$ docker image tag centos:latest centos:tag3
$ docker image ls
REPOSITORY           TAG        IMAGE ID         CREATED         SIZE
cookbook/myapache2   latest     061058607f39     2 weeks ago     258MB
myapache2            latest     061058607f39     2 weeks ago     258MB
ubuntu               latest     ccc7a11d65b1     6 weeks ago     120MB
centos               latest     328edcd84f1b     7 weeks ago     193MB
centos               tag1       328edcd84f1b     7 weeks ago     193MB
centos               tag2       328edcd84f1b     7 weeks ago     193MB
centos               tag3       328edcd84f1b     7 weeks ago     193MB
alpine               latest     7328f6f8b418     2 months ago    3.97MB
```

現在，我們已經選擇了映像檔 ID 是 328edcd84f1b 這個 centos 映像檔，而且加上了另外 3 個標記：tag1、tag2、以及 tag3。所有的標記都是同一個 ID 是 328edcd84f1b 的那個映像檔。

2. 現在,試著去刪除這個 ID 是 328edcd84f1b 的映像檔,觀察結果為何:

```
$ docker image rm 328edcd84f1b
Error response from daemon: conflict: unable to delete 328edcd84f1b (must be forced) - image is
referenced in multiple repositories
```

很明顯地,docker image rm 這個指令並沒辦法順利地刪除這個映像檔,因為這個映像檔 ID 還有 4 個標記參考到它。

3. 請依序移除這些標記,就可以刪除這個映像檔了,如下圖所示:

```
$ docker image rm centos:tag3
Untagged: centos:tag3
$ docker image rm centos:tag2
Untagged: centos:tag2
$ docker image rm centos:tag1
Untagged: centos:tag1
$ docker image rm centos
Untagged: centos:latest
Untagged: centos@sha256:26f74cefad82967f97f3eeeef88c1b6262f9b42bc96f2ad61d6f3fdf544759b8
Deleted: sha256:328edcd84f1bbf868bc88e4ae37afe421ef19be71890f59b4b2d8ba48414b84d
Deleted: sha256:b362758f4793674edb79ec5c7192074b2eacf200c006e127069856484526ccf2
```

你可以使用 docker image rm 移除所有的標記,就可以順利刪除映像檔,因為已經沒有其他的標記參考到這個映像檔了。

◉ 補充資訊

- 在前面這個訣竅中,我們一次移除一個標記直到所有的標記都被移除為止。但其實你也可以在 docker image rm 後加上「-f」或是「--force」參數,一次移除所有的標記以及映像檔。

- 在使用「--force」參數之前,請確定這個映像檔並沒有產生任何其他的容器,否則將會造成不穩定的情形。

- 雖然不是推薦的方法,但是如果你想要移除所有的映像檔和容器,也可以使用以下的指令來達成:

- 要停止所有的容器，可以使用以下的指令：

```
$ docker container stop $(docker container ls -q)
```

- 要刪除所有的容器，可以使用以下的指令：

```
$ docker container rm $(docker container ls -a -q)`
```

- 要刪除所有的映像檔，可以使用以下的指令：

```
$ docker image rm $(docker image ls -q)
```

◉ 可參閱

- 以下的指令可以取得 docker image rm 的使用說明：

```
$ docker image rm --help
```

- 在 Docker 的網站上可以找到詳細的說明文件：

  https://docs.docker.com/engine/reference/commandline/image_rm/

 ## 匯出映像檔 ▪▪▪

假設我們有一個客戶，他嚴格禁止使用來自於公眾領域的映像檔。在這個例子中，你可以使用 tarball 分享一個或多個映像檔，稍後可在另外一個系統中匯入。

docker image save 指令讓我們可以把映像檔儲存或匯出成為 tarball。指令的語法如下：

```
docker image save [-o|--output]=file.tar IMAGE [IMAGE...]
```

在這個訣竅中將會學習到如何使用 docker image save 指令匯出映像檔。

◉ 備妥

在開始之前，首先要在 Docker 主機中提取或是匯入一個或多個 Docker 映像檔。

◉ 如何做

在這裡選用之前在「從容器建立映像檔」訣竅中使用到的 **myapache2** 這個映像檔，然後把此映像檔匯出為 **.tar** 檔案，如下所示：

```
$ docker image save --output=myapache2.tar myapache2
```

上述的這個指令建立 **myapache2.tar** 這個檔案，此檔可以在下一個訣竅所說明的內容中進行匯入操作。

◉ 補充資訊

你也可以使用以下的指令匯出容器的檔案系統：

```
$ docker container export --output=myapache2_cont.tar c71ae52e382d
```

◉ 可參閱

• 取得 **docker image save** 以及 **docker container export** 的使用說明如下：

```
$ docker image save -help
$ docker container export --help
```

• 在 Docker 的網站上可以找到詳細的說明文件：

https://docs.docker.com/engine/reference/commandline/image_save/

https://docs.docker.com/engine/reference/commandline/container_export/

匯入映像檔

要取得映像檔的本地複本，可以從 registry 中提取（pull），也可以使用 import 的方式匯入之前匯出過的映像檔檔案，這也是在前一個訣竅中所說明的方式。docker image import 指令讓我們可以從 tarball 中匯入一個或多個映像檔。docker image import 的語法如下：

```
docker image import [OPTIONS] file|URL|- [REPOSITORY[:TAG]]
```

◉ 備妥

在開始之前，你需要有一個已匯出的 Docker 映像檔之本地複本。

◉ 如何做

請依照以下的步驟進行：

1. 使用你慣用的檔案傳輸工具，把在前一個訣竅中匯出的 myapache2.tar 複製到一個新的 Docker 主機。

2. 現在，在新的 Docker 主機上，使用以下的指令匯入 myapache2.tar 檔：

```
$ docker image import myapache2.tar apache2:imported
```

3. 之後，我們就會擁有一個叫做 apache2:imported 的映像檔，這也是從 myapache2.tar 所匯入而來的映像檔。

◉ 補充資訊

你也可以指定一個 URL，從遠端的位置中匯入 TAR 檔案。

◎ 可參閱

- 以下是 docker image import 取得使用說明的方式：

```
$ docker image import --help
```

- 在 Docker 的網站上可以找到詳細的說明文件：

https://docs.docker.com/engine/reference/commandline/image_import/

 ## 使用 Dockerfile 建立一個映像檔 ■ ■ ■

Dockerfile 是一個文字檔，可用來定義 Docker 映像檔的內容，並依此內容完成自動化的映像檔建立作業。Docker build engine 會逐行讀取 Dockerfile 中的指令，然後依據這些指令一步一步地建立出映像檔。Dockerfile 幫助我們自動化地建立出一個映像檔，而使用 Dockfile 所建立出來的映像檔被視為是不可變的（immutable）。

◎ 備妥

在開始之前，我們需要一個具有建構指令內容的 Dockerfile。要建立一個這樣的檔案，請執行以下的步驟：

1. 建立一個空的目錄：

```
$ mkdir sample_image
$ cd sample_image
```

2. 建立一個名為 Dockerfile 的檔案，其內容如下：

```
$ cat Dockerfile
# Use ubuntu as the base image
FROM ubuntu
# Add author's name
```

```
LABEL maintainer="Jeeva S. Chelladhurai"
# Add the command to run at the start of container
CMD date
```

⊙ 如何做

請依照以下的步驟進行：

1. 在 Dockerfile 所在的目錄中執行以下的命令以建立映像檔：

```
$ docker image build .
```

```
$ docker image build .
Sending build context to Docker daemon  2.048kB
Step 1/3 : FROM ubuntu
 ---> ccc7a11d65b1
Step 2/3 : LABEL maintainer 'Jeeva S. Chelladhurai'
 ---> Running in 485ee5672232
 ---> 1de70fbc6ca7
Removing intermediate container 485ee5672232
Step 3/3 : CMD date
 ---> Running in d65b84327af5
 ---> f080d4c18a50
Removing intermediate container d65b84327af5
Successfully built f080d4c18a50
```

前面的設置作業中，在建立映像檔的過程裡，並沒有指定任何倉庫以及標記名稱，但實務上最好是能夠在建立時先指定倉庫名稱，以便於未來參考之用。

2. 現在，讓我們著手建立自己的倉庫名稱，只要在 docker image build 之後加上「-t」參數就可以了，如下所示：

```
$ docker image build -t sample .
```

```
$ docker image build -t sample .
Sending build context to Docker daemon  2.048kB
Step 1/3 : FROM ubuntu
 ---> ccc7a11d65b1
Step 2/3 : LABEL maintainer 'Jeeva S. Chelladhurai'
 ---> Using cache
 ---> fb4796f8aa30
Step 3/3 : CMD date
 ---> Using cache
 ---> 434ff8ff128f
Successfully built 434ff8ff128f
Successfully tagged sample:latest
```

如果你比較步驟 1 以及步驟 2 兩者的輸出，會注意到一些微妙的不同。在步驟 1 的輸出中，你可以看到在 LABEL 以及 CMD 指令之後的 Running 字樣，而在步驟 2，它的內容是 Using cache。這表示 Docker 重用（reuse）了在步驟 2 所建立的中間層。如果這些映像檔沒有任何改變，Docker build 系統總是會重用之前所建立的映像檔。如果你不想要使用此種重用中間層的方式來建立系統，請在建立時加上「--no-cache」參數。

◉ 如何辦到的

當使用 docker image build 指令建立 Docker 映像檔時，我們指定了一個目錄。這個指令結合了整個目錄樹作為建立的環境，然後把它傳送給 Docker engine 以建立 Docker 映像檔。這個輸出訊息驗證了此點：Sending build context to Docker daemon 2.048 kB。如果你在目前的工作目錄中建立了一個叫做 .dockerignore 的檔案的話，則該檔案中所列出的檔案以及目錄均會被排除在建置環境之外。更多關於 .dockerignore 的相關資訊，可以在這裡找到：

https://docs.docker.com/reference/builder/#the-dockerignore-file

現在，Docker 建置系統將會讀取在 Dockerfile 中的每一條指令，啟用中間容器，在該容器中執行這些指令或是更新它的中繼資料，commit 中間的容器作為一個映像檔 layer，然後移除中間容器。這個程序會一直地持續，直到所有在 Dockerfile 中的指令都被執行過為止。

◉ 補充資訊

Dockerfile 的格式如下：

```
INSTRUCTION arguments
```

一般而言，指令都是使用大寫，但是其實並不區分大小寫。它們將被依序執行，如果在任一行前面放置「#」，該行即被視為註解。

現在讓我們來看看各種型式的指令：

- **FROM**：這個指令一定要在 Dockfile 檔案的第一行，它主要的目的是在設定接下來的指令所要使用的基礎映像檔（base image）。在預設的情況下，如果此行指令設定如下，則會自動地被加上 latest 標記：

```
FROM <image>
```

如果想要自己加上標記，則需使用以下的格式：

```
FROM <images>:<tag>
```

在一個 Dockerfile 中可以有超過一個 FROM 指令以建立多個映像檔。

如果只有一個映像檔名稱，像是 **fedora** 或是 **Ubuntu**，則這些映像檔會被從預設的 Docker registry（Docker Hub）中下載。如果你想要使用私人的或是第三方所提供的映像檔，則需要以如下所示的方式來指定：

```
[registry_hostname[:port]/][user_name/](repository_name:version_tag)
```

以下即為上述指令語法的使用範例：

```
FROM registry-host:5000/cookbook/apache2
FROM <images>:<tag> AS <build stage>
```

你也可以配置一個建立階段（build stage）以用於多階段映像檔的建置過程，如同你可以在「**以多階段方式建立映像檔**」訣竅中所看到的一樣。

- **RUN**：我們可以使用兩種方式來執行 RUN 這個指令，第一種方式，是在 shell（**sh -c**）中執行：

```
RUN <command> <param1> ... <pamamN>
```

第二種方式，是直接執行一個可執行檔：

```
RUN ["executable", "param1",...,"paramN" ]
```

正如我們熟知的，在 Docker 中會建立一個 overlay（在另一層上面的資料層）以建立一個最終結果的映像檔。透過執行每一個 RUN 指令，我們在一個早先已經 commit 的資料層之上建立以及 commit 一個資料層。容器就可以從任一個被 commit 的資料層中啟動。

在預設的情況中，Docker 試著去快取由不同的 RUN 指令所 commit 的資料層，使得它們可以被使用在接下來的建置階段。然而，這樣的行為可以在建置映像檔的過程中使用「--no-cache--flag」這個參數來取消。

- LABEL：在 Docker 1.6 版新增了一個功能可以用來附加上任一個「鍵-值」對（key-value pair）到 Docker 的映像檔和容器上。我們之前在第 2 章「操作 *Docker* 容器」中的「為容器建立標籤及過濾容器」訣竅中說明過這個部份。要給映像檔一個標籤，在 Dockerfile 中可以使用 LABEL 指令——例如，LABEL distro=ubuntu。

- CMD：CMD 指令提供在啟動容器時的預設可執行檔。如果 CMD 指令沒有任何可執行檔（參數 2），則它將會提供參數給 ENTRYPOINT：

```
CMD ["executable", "param1",...,"paramN" ]
CMD ["param1", ... , "paramN"]
CMD <command> <param1> ... <pamamN>
```

在 Dockfile 中只能有一個 CMD 指令。如果指定了超過一個的話，只有最後一個是有效的。

- ENTRYPOINT：這個指令幫助我們把容器配置為可執行的。和 CMD 類似，Dockfile 檔案中最多只能指定一個 ENTRYPOINT，如果在檔案中超過一個，那麼也是最後一個才是有效的：

```
ENTRYPOINT ["executable", "param1",...,"paramN" ]
ENTRYPOINT <command> <param1> ... <pamamN>
```

一旦參數被定義為 ENTRYPOINT 指令，它們就不能在執行期間被覆寫。然而，如果我們想要為 ENTRYPOINT 使用不同的參數，ENTRYPOINT 可以被當作 CMD 來使用。

- EXPOSE::此指令可以在容器中使網路連接埠曝露出來，讓我們可以在執行期間透過此連接埠進行監聽：

```
EXPOSE <port> [<port> ... ]
```

我們也可以在容器啟動的時候曝露一個連接埠。在第 2 章的「操作 *Docker 容器*」中的「*列出容器*」中涵蓋了這個主題。

- ENV：使用這個指令可以設定環境變數的 <key> 的 <value>。它將會傳遞所有的環境變數到接下來的指令中，當從結果映像檔執行為容器時也會一直存在：

```
ENV <key> <value>
```

- ADD：此指令會從來源 <src> 複製檔案到目的 <dest>：

```
ADD <src> <dest>
```

底下的這個 ADD 指令是一個在路徑中含有空格時的用法：

```
ADD ["<src>"... "<dest>"]
```

- <src>：這個參數必須是在建置映像檔的過程中所指定之工作目錄（也就是我們所說的建置環境）裡的子目錄或是檔案，而來源也可以是遠端位置的 URL。

- <dest>：這個參數必須是在容器中的絕對路徑，也就是我們要從來源的檔案或是目錄複製過去的路徑。

- COPY::此指令和 ADD 指令類似。COPY <src> <dest>：

```
COPY ["<src>"... "<dest>"]
```

COPY 指令可選用支援「 --from 」應用在多階段的建置程序上。

- VOLUME：這個指令將會使用給定的名稱和旗標以建立一個掛載點，使用以下的語法以掛載外部的儲存體：

```
VOLUME ["/data"]
```

另外一種方式，你也可以使用以下的語法：

```
VOLUME /data
```

- USER：這個指令設定任一接下來要執行的指令的使用者名稱，語法如下：

```
USER <username>/<UID>
```

- WORKDIR：此指令設定接下來的 RUN、CMD、以及 ENTRYPOINT 指令之工作目錄，在同一個 Dockerfile 中可以有許多的項目，而在指定的時候也可以設定為相對路徑，此相對路徑會參考之前設定過的 WORKDIR 指令，語法如下：

```
WORKDIR <PATH>
```

- ONBUILD：此指令可以為接下來要執行的映像檔加上一個觸發指令，讓此映像檔可以被用來作為其他映像檔的基礎映像檔。在 Dockerfile 接下來的執行序列中，此觸發器將會執行為 FROM 指令的一部份，語法如下：

```
ONBUILD [INSTRUCTION]
```

◉ 可參閱

- 取得 docker image build 的使用說明如下：

```
$ docker image build --help
```

- 在 Docker 的網站上可以找到詳細的說明文件：

  https://docs.docker.com/engine/reference/builder/

 ## Dockerfile 範例—建立一個 Apache 映像檔

現在我們已經對於 Dockerfile 的建構方式有一定程度的瞭解了，在這個訣竅中將要建立一個非常簡單的 Docker 映像檔，它裝載了 apache2 網頁伺服器，同時也加上一些中繼資料，使得當一個新的容器從這個映像檔建立時，可以在容器中啟動 apache2 應用程式。

◉ 備妥

在開始之前，請從 git 倉庫 https://github.com/docker-cookbook/apache2 中取得 Dockerfile 以建立一個 apache2 的映像檔，所以，請使用以下的指令從倉庫中複製此檔案：

```
$ git clone https://github.com/docker-cookbook/apache2.git
```

接著，前往 apache2 目錄：

```
$ cd apache2
$ cat Dockerfile
FROM alpine:3.6
LABEL maintainer="Jeeva S. Chelladhurai <sjeeva@gmail.com>"
RUN apk add --no-cache apache2 && \
    mkdir -p /run/apache2 && \
    echo "<html><h1>Docker Cookbook</h1></html>" > \
        /var/www/localhost/htdocs/index.html
EXPOSE 80
ENTRYPOINT ["/usr/sbin/httpd", "-D", "FOREGROUND"]
```

◉ 如何做

以下的 build 指令將會建立一個新的映像檔：

```
$ docker image build -t apache2 .
Sending build context to Docker daemon 52.74kB
Step 1/5 : FROM alpine:3.6
3.6: Pulling from library/alpine
88286f41530e: Pull complete
Digest:
sha256:f006ecbb824d87947d0b51ab8488634bf69fe4094959d935c0c103f4820a417d
Status: Downloaded newer image for alpine:3.6
 ---> 76da55c8019d
Step 2/5 : LABEL maintainer "Jeeva S. Chelladhurai <sjeeva@gmail.com>"
 ---> Running in 83e2c061c956
 ---> f77381e55873
Removing intermediate container 83e2c061c956
Step 3/5 : RUN apk add --no-cache apache2 &&
          mkdir -p /run/apache2 &&
          echo "<html><h1>Docker Cookbook</h1></html>" >
               /var/www/localhost/htdocs/index.html
  ---> Running in 3abde4480544
fetch
http://dl-cdn.alpinelinux.org/alpine/v3.6/main/x86_64/APKINDEX.tar.gz
fetch
http://dl-cdn.alpinelinux.org/alpine/v3.6/community/x86_64/APKINDEX.tar.gz
(1/6) Installing libuuid (2.28.2-r2)
(2/6) Installing apr (1.5.2-r1)
(3/6) Installing expat (2.2.0-r1)
(4/6) Installing apr-util (1.5.4-r3)
(5/6) Installing pcre (8.41-r0)
(6/6) Installing apache2 (2.4.27-r1)
Executing apache2-2.4.27-r1.pre-install
Executing busybox-1.26.2-r5.trigger
OK: 7 MiB in 17 packages
 ---> d7585e779ee8
Removing intermediate container 3abde4480544
Step 4/5 : EXPOSE 80
 ---> Running in ac761e55a45c
 ---> 63bbb379239f
Removing intermediate container ac761e55a45c
Step 5/5 : ENTRYPOINT /usr/sbin/httpd -D FOREGROUND
 ---> Running in fa3e5be6b893
 ---> 97f0bac0f021
Removing intermediate container fa3e5be6b893
Successfully built 97f0bac0f021
Successfully tagged apache2:latest
```

◎ 如何辦到的

此建置程序從 Docker Hub 中提取 alpine 這個基礎映像檔，安裝 apache2 套件，然後建立一個簡單的 HTML 頁面。接著，加上 port 80 作為此映像檔的中繼資料，最後設定在啟始容器時要一併啟動 Apache 應用程式的指令。

◎ 補充資訊

以下從剛剛建立好的映像檔執行 apache2 容器，取得它的 IP 位址，並從這個容器中取得網頁：

```
$ ID=$(docker container run -d -p 80:80 apache2)
$ IP=$(docker container inspect --format='{{.NetworkSettings.IPAddress}}' $ID)
$ curl $IP
<html><h1>Docker Cookbook</h1></html>
```

◎ 可參閱

* docker image build 中取得使用說明如下：

```
$ docker image build --help
```

* 在 Docker 的網站上可以找到詳細的說明文件：

https://docs.docker.com/engine/reference/commandline/imaim_build/

設置私有的 index/registry

早先，我們使用 Docker-hosted registry（https://hub.docker.com），用來推送或提取映像檔。儘管如此，還是有很大的機會在你的基礎架構中使用到私人的 registry。在這個訣竅中將會使用 Docker 的 registry:2 映像檔建置自己的私人 registry。

◉ 備妥

請確定你使用的 Docker daemon 的版本是 1.6.0 或更新的版本。

◉ 如何做

請依照以下的步驟進行：

1. 使用以下的指令，在容器中透過啟始一個本地 registry 作為開始：

```
$ docker container run -d -p 5000:5000 \
                --name registry registry:2
```

2. 要推送一個映像檔到本地 registry，需要使用 Docker image tag 指令在倉庫名稱之前加上 **localhost** 或是 **127.0.0.1** 這個 IP 位址，以及註冊 **5000** 這個連接埠，如下所示：

```
$ docker tag apache2 localhost:5000/apache2
```

在此將會重用在之前的訣竅中建立過的 **apache2** 映像檔。

3. 現在，讓我們使用 **docker image push** 指令把這個映像檔推送到本地 registry，過程如下所示：

```
$ docker image push localhost:5000/apache2
The push refers to a repository [localhost:5000/apache2]
58ddd35fd6c0: Pushed
5bef08742407: Pushed
latest: digest: sha256:f00e1c2634fccd5e97870fd639f91faed6029ca3616a3068ccd8358cee9b210c size: 739
```

◉ 如何辦到的

前述指令所提取的映像檔將會從 Docker Hub 提取官方的 registry 映像檔，並把它執行在 **5000** 連接埠。「**-p**」參數可以讓容器中的連接埠開放到系統的連接埠上。我們將會在下一章中詳細說明關於連接埠開放的部份。

◉ 補充資訊

registry 有一個通知訊息的框架（notification framework），當它收到一個 push 或是 pull 的要求時，可以呼叫 WebHooks。這些 WebHooks 可以被串接到你的 DevOps 工作流程中。

◉ 可參閱

- 在 GitHub 的網站上可以找到詳細的說明文件：

  `https://github.com/docker/docker-registry`

 # 使用 GitHub 和 Bitbucket 進行自動化建置

我們已經瞭解如何把 Docker 映像檔推送到 Docker Hub。而 Docker Hub 讓我們可以自動地從 GitHub 或 Bitbucket 倉庫中使用它們的建置叢集（build clusters）建置映像檔。在 GitHub/Bitbucket 的倉庫中需有 Dockerfile 這個檔案以及所有需要被複製到映像檔中的內容，我們將會在接下來的章節中詳細檢視一個使用 GitHub 的範例。

◉ 備妥

要執行這個範例，需要一個有效的 Docker ID 以及 GitHub 帳號。

同時，也請你前往這個網址：`https://github.com/docker-cookbook/apache2` 取得 Apache2 的 Dockerfile。

◉ 如何做

請依照以下的步驟進行：

1. 請登入 Docker Hub（`https://hub.docker.com/`）。

2. 首先要建立一個自動化建置的連結到你的 GitHub 或 Bitbucket 帳號。這個帳號連結的功能在「**Linked Account & Services**」網頁精靈中。你可以透過瀏覽「**Settings**」選單或是透過「**Create**」下拉式選單的「**Create Automated Build**」選單中找到。在此，我們使用前一種方式，到「**Settings**」選單中選用，它可以在最右邊的下拉式選單中找到：

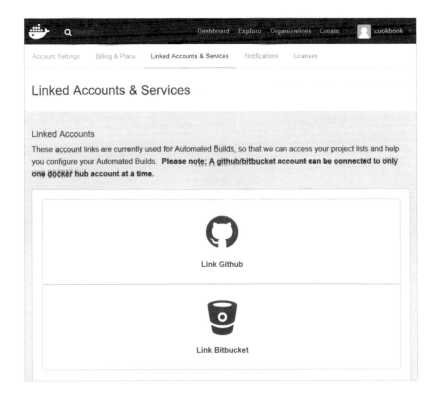

3. 在前面的精靈中，請按下「**Link Github**」選項；在下一個畫面中，你將會遇到兩個選項，如下圖所示。請點擊「**Public and Private (Recommended)**」下方的「**Select**」按鈕：

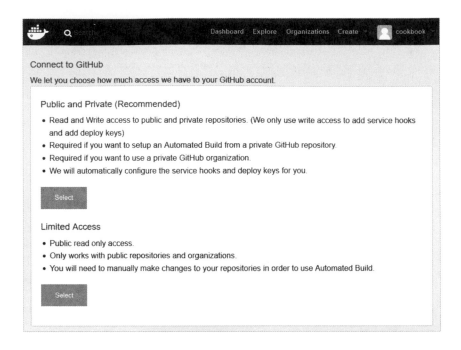

4. 會出現一個新視窗或分頁，請輸入 GitHub 的驗證資訊，如下所示：

5. 在成功地登入你的 GitHub 帳號之後，請點擊「**Grant**」按鈕以允許 docker.com 在你的 GitHub 帳號中進行存取的權限。在這個例子中，我們授權給 docker-cookbook organization。接著請點擊「**Authorize docker**」這個按鈕：

如同你在下圖所見的，現在 Docker Hub 帳號已經被連結到 GitHub 帳號了，可以直接進行自動化建置程序的組態作業。

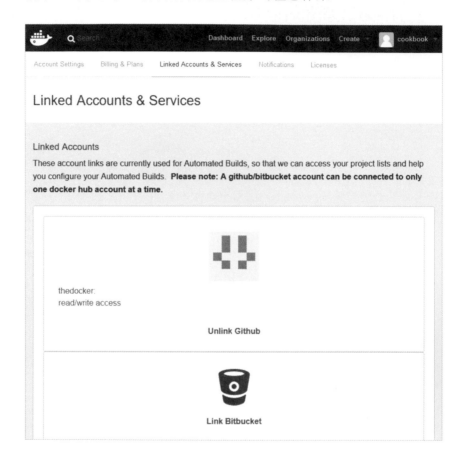

6. 請按下「**Create**」下拉式選單中的「**Create Automated Build**」選項：

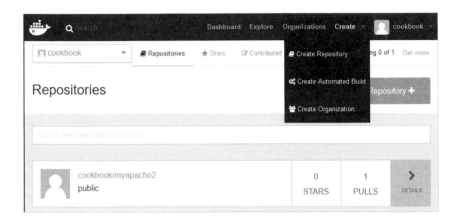

7. 你將會有兩個選項可以選擇，分別是：**GitHub** 的「**Create Auto-Build**」或是「**Link Account**」以連結你的帳號到 Bitbucket：

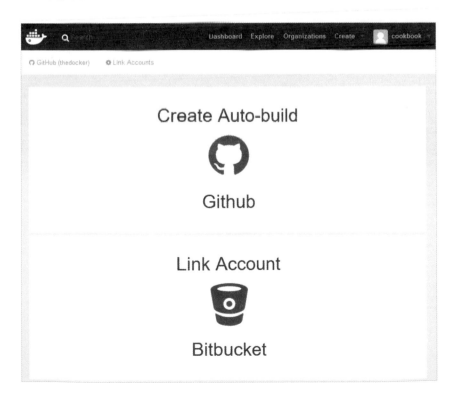

8. 請按下「**Create Auto-build**」選項：

9. 按下「**apache2**」選項，它是從這個網址分支出來的：
https://github.com/docker-cookbook/apache2：

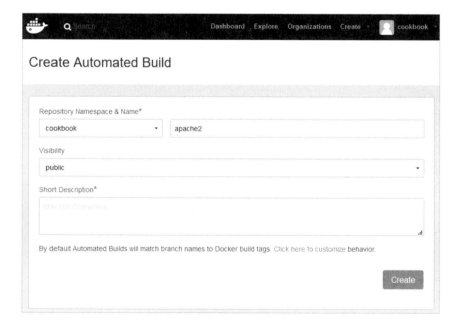

10. 請填入一個簡短的說明，然後點擊「**Create**」按鈕：

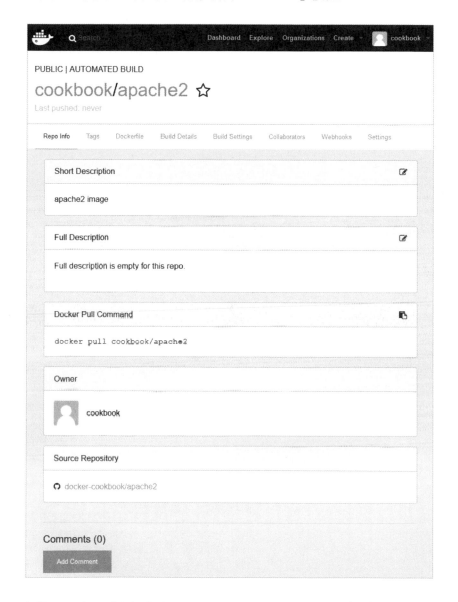

太棒了！你已經成功地自動化建置程序了，而映像檔建置程序將會在倉庫中有任何的更動時觸發。

11. 現在，你可以檢視「**Build Details**」頁籤，就可以看到建置的狀態。

◉ 如何辦到的

當我們為自動化建置選擇了 GitHub 倉庫時，GitHub 會為這個倉庫啟用 Docker 服務。你可以在 GitHub 倉庫中檢視「**Settings**」頁籤裡的「**Integrations & services**」來進行確認：

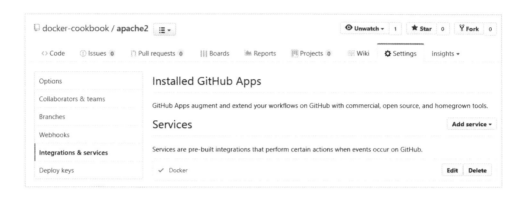

當我們對於任一原始碼進行了更動而且 commit 到 GitHub 的倉庫之後，自動化建置程序就會被觸發，然後就會使用存在於 GitHub 倉庫中的 Dockerfile 建立 Docker 映像檔。

◉ 補充資訊

你可以在倉庫中的「**Dockerfile**」頁籤裡檢視 Dockerfile。

你也可以在你的倉庫中的「**Build Settings**」頁籤裡連結到另外一個倉庫，然後在另一個 Docker Hub 倉庫更新時觸發建置程序。

在 Bitbucket 中設置自動化建置的步驟幾乎是一樣的。連結到自動化建立程序配置的掛勾，可以在 Bitbucket 倉庫的「**Settings**」中的「**Hooks**」段落裡找到。

◉ 可參閱

在 Docker 的網站上可以找到詳細的說明文件：
https://docs.docker.com/docker-hub/builds/

產生一個自訂的基礎映像檔　■ ■ ■

Docker 有非常豐富的 base 映像檔可以選用，我們強烈建議你選用一個剛好適用的瘦身映像檔。你也可以直接選擇去自訂一個自己的基礎映像檔。在這個訣竅中將會使 debootstrap 去建立自己的 Ubuntu 18.04 LTS（Xenial Xerus）基礎映像檔。這個 debootstrap 工具可以幫我們到合適的倉庫中下載以建立任一個 Debian-based 的系統。

◉ 備妥

請使用以下的指令，在 Debian-based 的系統上安裝 debootstrap 工具：

```
$ apt-get install debootstrap
```

◉ 如何做

請依照以下的步驟進行：

1. 在你想要放置檔案的地方建立一個目錄：

```
$ mkdir xenial
```

2. 現在，使用 debootstrap，在前面所建立的目錄中把 Xenial Xerus 安裝到其中：

```
$ sudo debootstrap xenial ./xenial
```

你將會在前面已安裝了 Xenial Xerus 的目錄中，看到一個和任一 Linux 根檔案系統一樣的目錄樹：

```
$ ls ./xenial
bin boot dev etc home lib lib64 media mnt opt proc
root run sbin srv sys tmp usr var
```

3. 現在，我們可以使用以下這個指令，把目錄匯出成為一個 Docker 映像檔：

```
$ sudo tar -C xenial/ -c . | docker image import - xenial
```

4. 請檢視 `docker image ls` 的輸出，你應該就可以看到一個叫做 `xenial` 的新映像檔。

◉ 如何辦到的

`debootstrap` 指令會從套件庫中提取所有 Ubuntu 18.04（Xenial Xerus）套件到目錄中，然後，所有的內容會被綁在一起成為一個 TAR 檔案，接著被推送到 Docker 映像檔匯入指令以建立一個 Docker 映像檔。

◉ 可參閱

- 可以參考 debootstrap 的維基百科頁面：

  https://wiki.debian.org/Debootstrap

- 以下是另一個建立基礎映像檔的方法：

  https://docs.docker.com/articles/baseimages/

 # 使用 scratch base image 建立最小化的映像檔

在前面的訣竅中，我們自訂了一個沒有任何父映像檔的基礎映像檔。然而，這個映像檔其實是包含了所有的二進位檔以及程式庫，這些都是跟著 Ubuntu 18.04 一起發佈的。一般來說，要執行一個應用程式，我們並不需要和這個映像檔一起發行的大部份二進位檔案和程式庫。此外，它留下大量的映像檔足跡，如此也衍生了可攜性的問題。為了要解決這樣的問題，你可以手動挑選那些構成你的映像檔之二進位檔案以及程式庫，然後把它們綁在一起成為 Docker 映像檔。另外一種方法，你也可以使用 Docker 所保留的那個叫做 scratch 映像檔來建立你的映像檔。這個 scratch 映像檔顧名思義就是一個空的映像檔，而且沒有加上任何的 layer 在這個映像檔上。更進一步地，你可以使用 Dockerfile 檔案自動化地建立。在這個訣竅中，我們將使用一個簡單的建構樣式去建立一個靜態的連結二進位檔，然後使用一個 scratch 基礎映像檔建立一個 Docker 映像檔。

◉ 備妥

首先，要確定 Docker daemon 正在執行中，而且可以存取到 gcc 以及 scratch 映像檔。你應該也要有一份來自於 https://github.com/docker-cookbook/scratch.git 的複本，而這個倉庫中包含 demo.c 以及 Dockerfile。

以下是 demo.c 的內容：

```
#include <stdio.h>
void main() {
printf("Statically built for demo\n");
}
```

以下是 Dockerfile 的內容：

```
FROM scratch
ADD demo /
CMD ["/demo"]
```

◉ 如何做

執行以下的步驟以使用 scratch 基礎映像檔建立一個比較小的映像檔：

1. 切換到倉庫的目錄：

```
$ cd scratch
```

2. 現在，建立 demo.c 的靜態執行檔，使用的是 gcc:7.2 執行期容器，其
   指令碼如下所示：

```
$ docker container run --rm \
-v ${PWD}:/src \
-w /src \
gcc:7.2 \
gcc -static -o demo demo.c
```

3. 在建立完靜態連結的可執行檔之後，讓我們快速地驗證一下這個二進
   位檔：

```
$ ls -lh demo
-rwxr-xr-x 1 root root 928K Oct 14 18:29 demo
$ file -b demo
ELF 64-bit LSB  executable, x86-64, version 1 (GNU/Linux), statically linked, for GNU/Linux 2.6.32, not stripped
```

4. 接著從 scratch 基礎映像檔以及在上一步驟所建立的可執行 demo 檔去
   建立一個映像檔，如下所示：

```
$ docker image build -t scratch-demo .
Sending build context to Docker daemon  1.026MB
Step 1/3 : FROM scratch
 --->
Step 2/3 : ADD demo /
 ---> 4c5ae0859fca
Step 3/3 : CMD /demo
 ---> Running in 6a6edc94008b
 ---> e4c65195b92a
Removing intermediate container 6a6edc94008b
Successfully built e4c65195b92a
Successfully tagged scratch-demo:latest
```

5. 最後，從前面所建立的映像檔來產生一個容器進行檢驗，並檢視映像
   檔的大小：

```
$ docker container run --rm scratch-demo
Statically built for demo
$ docker image ls
REPOSITORY                 TAG          IMAGE ID           CREATED          SIZE
scratch-demo               latest       e4c65195b92a       9 minutes ago    949kB
```

很明顯地，這個映像檔小多了，這個 Docker 映像檔只比可執行的 demo 多了 20 個位元組而已。

◉ 如何辦到的

Docker 建置系統直觀地瞭解這個在 FROM 指令中的保留映像檔名稱 scratch，然後開始綁定一個不加上任何額外資料層的基礎映像檔。所以，在這個訣竅中，Docker 建置系統只有綁定靜態連結的可執行檔 demo 以及這個映像檔的中繼資料。

◉ 補充資訊

就如同之前提到的，scratch 映像檔並不會增加任何額外的資料層到映像檔。docker image history 指令這時候就可以派上用場，在此可以用來列出映像檔的所有層，如下所示：

```
$ docker image history scratch-demo
IMAGE            CREATED           CREATED BY                              SIZE
e4c65195b92a     16 hours ago      /bin/sh -c #(nop)  CMD ["/demo"]        0B
4c5ae0859fca     16 hours ago      /bin/sh -c #(nop) ADD file:583335d88ee487f...  949kB
```

正如同我們所看到的，scratch 這個基礎映像檔並沒有被加上任何額外的 layer。

◉ 可參閱

- 在 Docker Hub 上可以找到詳細的說明文件：

  https://hub.docker.com/_/scratch/

- 以下說明建立基礎映像檔的另外一種方式：

  https://docs.docker.com/articles/baseimages/

以多階段方式建立映像檔

在前一個訣竅中，我們建立了一個靜態連結的可執行檔，使用的是 gcc builder 容器，而且使用 scratch 映像檔綁定可執行檔。使用建立者（builder）樣式的建置管線（Build pipeline）很常見，因為在建構的期間，你將會需要重量級的建構和支援工具。然而，創建出來的產品通常都需要使用適當的執行環境以及額外的能力，最終的成品就會被剛好適用的執行環境包裝在一起。雖然這樣的解決方案可以運作地非常好，但是建置過程的管線之複雜度被 Docker 生態外的腳本來進行管理。為了要處理此種複雜度，Docker 在 17.05 版中引入了名為 multistage build（多階段建置）的酷功能。

Docker 的 multistage build 讓我們可以在單一的 Dockerfile 中編排複雜的組建階段。在 Dockerfile 中，可以定義一個或多個具有適當的父映像檔之中間階段以及建立要組建之成品的建構生態系。Dockerfile 提供之前提到過的，使用 Dockerfile 去複製到成品所需必要的素材到接下來的階段，最後只使用剛好夠用的執行環境和成品以組成一個 Docker 映像檔。

◉ 備妥

- 在開始之前，請確認 Docker daemon 處於執行狀態，而且可以存取到 gcc 以及 scratch 映像檔。此外，也要確認你有一個來自於 https://github.com/docker-cookbook/multistage.git 的複本，而此倉庫中含有 src/app.c 以及 Dockerfile。

- src/app.c 的內容如下：

```
#include <stdio.h>
void main()
{
    printf("This is a Docker multistage build demo\n");
}
```

- Dockerfile 的內容如下：

```
FROM gcc:7.2 AS builder
COPY src /src
RUN gcc -static -o /src/app /src/app.c && strip -R .comment -s /src/app
FROM scratch
COPY --from=builder /src/app .
CMD ["./app"]
```

◉ 如何做

執行以下的步驟以使用 scratch 基礎映像檔建立一個比較小的映像檔。

1. 切換到倉庫所在的目錄：

```
$ cd multistage
```

2. 使用 Docker image build 指令建立映像檔，如下所示：

```
$ docker build -t multistage .
Sending build context to Docker daemon  963.6kB
Step 1/6 : FROM gcc:7.2 AS builder
 ---> 7d9419e269c3
Step 2/6 : COPY src /src
 ---> b6dfc2487054
Step 3/6 : RUN gcc -static -o /src/app /src/app.c && strip -R .comment -s /src/app
 ---> Running in b6c7cbfc825a
 ---> aa3907fd0bee
Removing intermediate container b6c7cbfc825a
Step 4/6 : FROM scratch
 --->
Step 5/6 : COPY --from=builder /src/app .
 ---> 39902cec4f7f
Step 6/6 : CMD ./app
 ---> Running in 7bcb87c7d0bb
 ---> 694221dbed02
Removing intermediate container 7bcb87c7d0bb
Successfully built 694221dbed02
Successfully tagged multistage:latest
```

3. 現在，該映像檔已經成功地建立完成了，接下來讓我們從之前建立的這個映像檔產生容器，如下所示：

```
$ docker run --rm multistage
This is a Docker multistage build demo
```

◎ 如何辦到的

Docker 的建置系統直覺地理解在 FROM 指令中的保留映像檔名稱 scratch，然後啟動綁定這個映像檔，而不為基礎映像檔增加任何額外的資料層。因此在這個訣竅中，Docker 的建置系統只會綁定 demo 這個靜態連結的可執行檔以及這個映像檔的中繼資料。

◎ 補充資訊

就如同前面提到的，scratch 映像檔並不會新增任何額外的 layer 到映像檔。docker image history 指令在這裡就很方便地可以用來列出在映像檔中的所有層，如下所示：

```
$ docker image history scratch-demo
IMAGE           CREATED         CREATED BY                              SIZE
e4c65195b92a    16 hours ago    /bin/sh -c #(nop)  CMD ["/demo"]        0B
4c5ae0859fca    16 hours ago    /bin/sh -c #(nop) ADD file:583335d88ee487f...  949kB
```

正如同我們所看到的，scratch 這個基礎映像檔並沒有任何多出來的層。

◎ 可參閱

在 Docker Hub 上可以找到詳細的說明文件：

https://hub.docker.com/_/scratch/

 ## 視覺化映像檔的階層結構

Docker 提供了多個指令可以讓我們以文字格式的方式瞭解映像檔。然而，一圖勝過千言萬語，因此，能夠把映像檔的階層以視覺化的方式呈現出來是非常必要的。雖然 Docker 並不支援任何映像檔的視覺化工具，然而卻有很多種方法可以用在視覺化映像檔的階層。在這個訣竅中將會使用 nate/dockviz 容器以及 Graphviz 來視覺化映像檔階層。

◉ 備妥

在開始之前，我們需要一個或多個 Docker 映像檔在 Docker daemon 的主機上執行。我們也需要確保 Graphviz 已經被安裝好了。

◉ 如何做

執行 nate/dockviz 容器並提供 images --dot 作為命令列參數，以及把輸出用管線轉到 dot（Graphviz）指令中，以下列指令產生出映像檔階層結構：

```
$ docker run --rm \
            -v /var/run/docker.sock:/var/run/docker.sock \
            nate/dockviz \
            images --dot | dot -Tpng -o images-graph.png
```

底下這張圖是在 Docker 主機上的映像檔之圖形化檢視：

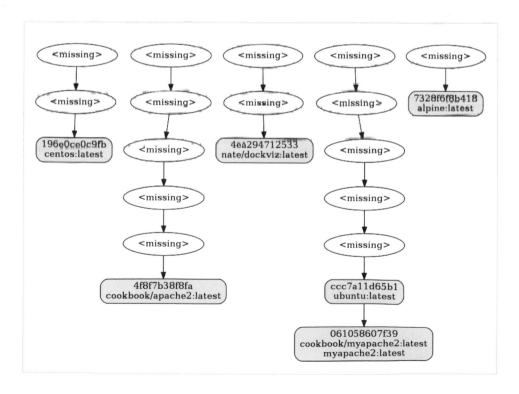

如上所示，在檢視圖形時，`<missing>` 節點是在映像檔中的層。

◉ 如何辦到的

nate/dockviz 工具是用 go 寫的，它會迭代所有 Docker 映像檔的中繼資料，然後產生 Graphviz 的 dot 輸出，它會被轉換為 png 圖形檔案，這也是使用 Graphviz 所繪製的。

◉ 補充資訊

你也應該使用 nate/dockviz 視覺化在連結中的容器之間的關係。以下是用來視覺化容器之間相依程度的指令：

```
$ docker run --rm \
            -v /var/run/docker.sock:/var/run/docker.sock \
            nate/dockviz \
            containers --dot | dot -Tpng -o containers-graph.png
```

◉ 可參閱

可以在這裡找到 nate/dockviz 說明文件：

https://github.com/justone/dockviz

容器的網路與資料管理

本章涵蓋以下主題

- 從外界存取容器

- 把容器附加到主機的網路

- 啟動沒有網路的容器

- 與其他容器分享 IP 位址

- 建立使用者定義橋接網路

- 探索以及負載平衡容器

- 使用 volume 提供永久資料儲存

- 在主機和容器之間共享資料

簡介

到目前為止,我們已經在單一容器上作業以及在本地端使用它。但是,一旦往真實的世界更接近一些,將會發現從外面的世界存取容器、在容器間共享儲存資料、和其他的主機與容器之前的通訊等等,都是非常必要的。本章將學會如何滿足這些需求。先從瞭解 Docker 的預設網路設置開始,再前進到進階的使用案例。

當 Docker daemon 啟動時,它會建立一個虛擬的乙太網路橋接(virtual Ethernet bridge),名稱是 docker0。我們可以使用 ip addr 指令進一步檢視 docker0 的相關資訊,請在執行 Docker daemon 的機器上執行此指令並觀察其顯示的資訊:

```
$ ip addr show docker0
3: docker0: <BROADCAST,MULTICAST,UP,LOWER_UP> mtu 1500 qdisc noqueue state UP group default
    link/ether 02:42:d9:c3:e8:af brd ff:ff:ff:ff:ff:ff
    inet 172.17.0.1/16 scope global docker0
       valid_lft forever preferred_lft forever
    inet6 fe80::42:d9ff:fec3:e8af/64 scope link
       valid_lft forever preferred_lft forever
```

正如同我們所看到的,docker0 的 IP 位址是 172.17.0.1/16。Docker 會在 RFC 1918(https://tools.ietf.org/html/rfc1918)中所定義的私有網路範圍裡隨機選用一個位址以及子網路。使用這個橋接介面,容器可以和主機系統以及其他的容器進行通訊。

在預設的情況下,每次 Docker 啟動一個容器時,會在乙太網路介面上建立一個虛擬配對,然後在此配對中執行以下的操作:

- 把 veth 配對的其中一端綁定在 Docker 主機中的 docker0 橋接器,我們把這一端叫做主機端。

- 把 veth 配對的另外一端綁定到剛建立的容器之 eth0 介面,我們把這一端叫做容器端。

現在讓我們啟動一個容器，然後檢視它的網路介面之 IP 位址：

```
$ docker container run --rm -it alpine
/ # ip addr
1: lo: <LOOPBACK,UP,LOWER_UP> mtu 65536 qdisc noqueue state UNKNOWN qlen 1
    link/loopback 00:00:00:00:00:00 brd 00:00:00:00:00:00
    inet 127.0.0.1/8 scope host lo
       valid_lft forever preferred_lft forever
16: eth0@if17: <BROADCAST,MULTICAST,UP,LOWER_UP,M-DOWN> mtu 1500 qdisc noqueue state UP
    link/ether 02:42:ac:11:00:03 brd ff:ff:ff:ff:ff:ff
    inet 172.17.0.3/16 scope global eth0
       valid_lft forever preferred_lft forever
```

在前面這個畫面截圖中，veth 配對的容器端名為 eth0@if17，其中 17 是主機端的介面索引。我們可以使用這個索引去識別在 Docker 主機中的 veth 配對之主機端。容器的 eth0 被指定的 IP 為 172.17.0.3，它屬於 docker0 的子網段，也就是 172.17.0.1/16。

現在來看一下第 17 個索引的介面：

```
17: vethe8b40b8@if16: <BROADCAST,MULTICAST,UP,LOWER_UP> mtu 1500 qdisc noqueue master docker0 state UP group default
    link/ether 32:8b:2a:e1:cb:c7 brd ff:ff:ff:ff:ff:ff link-netnsid 1
    inet6 fe80::308b:2aff:fee1:cbc7/64 scope link
       valid_lft forever preferred_lft forever
```

在此，veth 介面的主機端被命名為 vethe8b40b8@if16，其中 16 是 veth 配對的容器端之介面索引。因為在 index 16 的介面被設定到容器的網路命名空間，它就不會被顯示在 Docker 主機中。Docker Engine 會自動產生 veth 配對的主機端名稱，它會產生一個 7 位數的 16 進位數字，然後把它附加到字串 veth 後面。在這個例子中，e8b40b8 是由 Docker Engine 所產生的一個隨機值。Docker Engine 也會確認此隨機值在 Docker 主機中是唯一的。如果你更仔細看，可能會注意到，veth 介面的主機端被連結到 docker0 橋接器。

現在，多建立一些容器，然後使用 Linux Ethernet bridge 管理工具 brctl 來檢視 docker0 bridge。

Ubuntu 版本的 Linux 通常並不會內建 brctl 工具,所以必須另外
安裝 bridge-utils 套件,不然的話就是提升 Docker 中一個精巧
的功能,使你與 Docker 容器共享 Docker 主機網路堆疊,如同在
「把容器附加到主機的網路」中說明的內容。

我們在 docker container run 指令中使用「--network=host」選項以連結
到 Docker 主機的網路堆疊。因為 alpine 映像檔本身有把 brctl 工具指令包
裝進去,因此我們將選擇使用 alpine 映像檔來產生容器,然後執行 brctl
show 指令以顯示 bridge 的細節,如下圖所示:

```
$ docker container run --rm --network=host alpine brctl show
bridge name     bridge id              STP enabled    interfaces
docker0         8000.0242d9c3e8af      no             vethc48c41e
                                                       vethe8b40b8
                                                       vethbd93f33
```

顯然地,所有 veth 對的主機端都被連結到預設的 Docker bridge docker0。
除了設定 docker0 bridge,Docker 也建立 iptable NAT 規則,因此所有的
容器在預設的情況下都可以連線到外部的世界,但是從外部的網路無法和
容器溝通。以下是 Docker 主機的 NAT 規則:

```
$ sudo iptables -t nat -L -n
Chain PREROUTING (policy ACCEPT)
target     prot opt source               destination
DOCKER     all  -- 0.0.0.0/0             0.0.0.0/0            ADDRTYPE match dst-type LOCAL

Chain INPUT (policy ACCEPT)
target     prot opt source               destination

Chain OUTPUT (policy ACCEPT)
target     prot opt source               destination
DOCKER     all  -- 0.0.0.0/0             !127.0.0.0/8         ADDRTYPE match dst-type LOCAL

Chain POSTROUTING (policy ACCEPT)
target     prot opt source               destination
MASQUERADE all  -- 172.17.0.0/16         0.0.0.0/0

Chain DOCKER (2 references)
target     prot opt source               destination
RETURN     all  -- 0.0.0.0/0             0.0.0.0/0
```

在前面的輸出中，POSTROUTING 規則被組態在 172.17.0.0/16 子網段。此規則主要的目的是改變來自於 172.17.0.0/16 子網段資料封包的來源 IP 位址，讓它變成主機 IP 位址。顯然地，172.17.0.0/16 子網段被設定到我們的 docker0 橋接上。實際上，這個 POSTROUTING 規則讓 Docker 容器可以連線到外面的世界，就像如下圖所示的 traceroute 輸出一樣：

```
$ docker run --rm alpine traceroute -m 3 -n 8.8.8.8
traceroute to 8.8.8.8 (8.8.8.8), 3 hops max, 46 byte packets
 1  172.17.0.1  0.005 ms  0.002 ms  0.001 ms
 2  216.182.226.48  12.345 ms  216.182.224.116  11.969 ms  216.182.224.136  52.945 ms
 3  100.66.8.42  12.614 ms  21.937 ms  100.66.12.74  16.911 ms
```

很酷，對吧！儘管如此，在預設的情況下，外面世界連到容器的情況 Docker 並不會做任何的網路探測。然而，當你在容器內建立一個服務時，它就必須要能夠被外面的世界接觸到。「從外界存取容器」訣竅會說明如何對外面的世界開啟在容器內的服務。此外，也有其他的訣竅把焦點放在一個單一主機容器進行網路作業的不同面向。

 要複習之前討論的不同種類之網路連線更詳細的資訊，請參考網站：https://docs.docker.com/network 中的說明。

在本章中，我們只把焦點放在單一主機容器的網路連線，檢視如何在此容器範例中共享以及永久化資料。

 ## 從外界存取容器

在微服務（microservice）的架構中，使用多個較小的服務來提供實用的企業級應用程式。Docker 這個令人感到振奮的容器技術本身就具有非常輕量化特徵，因此它是開啟微服務架構非常重要的角色。在預設的情況下，Docker 容器允許往外的資料流量，但是卻沒有提供從外面世界連線到在容器中執行的服務之路徑。不過，Docker 提供了一個優雅的解決方案選擇性地提供外界與在容器中執行的服務之間的通訊。它藉由以下的 docker container run 指令之參數來達成：

--publish, -p	把指定的容器連接埠發佈到主機
--publish-all, -P	把所有的已公開之連接埠發佈到隨機的連接埠

上述這兩個指令參數都允許外界的網路經由 Docker 主機上的連接埠，連線到在容器中執行的服務。

◉ 備妥

在開始之前，請確定 Docker daemon 在 Docker 主機上正常執行中。

◉ 如何做

請依照以下的步驟進行：

1. 首先，使用 cookbook/apache2 映像檔在容器中啟動 apache2 服務，然後發佈此服務，使用 docker container run 指令的「-p」選項讓它可以透過 Docker 主機的 80 連接埠連接到容器內的服務，輸入的指令碼如下：

```
$ docker container run -d -p 80:80 cookbook/apache2
a101ac9009f2237a2e4356e9caed6d0cf1666b5b86768f559a629d39034b4132
```

2. 接著，利用如下所示的 docker container port 指令檢視容器和 Docker 主機之間連接埠的對應情形：

```
$ docker container port a101ac9009f2
80/tcp -> 0.0.0.0:80
```

3. 顯然地，Docker 容器的 80 連接埠被對應到 Docker 主機的 80 連接埠。
   IP 位址 0.0.0.0 表示 Docker 主機上的任一 IP 位址。

4. 現在你可以透過 Docker 主機的 IP 位址連接到執行在容器中的 apache
   服務，只要你的 Docker 主機具有 IP 的網路連線能力即可。例如，假
   設你的 Docker 主機 IP 位址是 198.51.100.73，表示我們就可以從任
   一個瀏覽器透過 http://198.51.100.73 這個 URL 連線到在容器內的
   apache 服務，連線之後可以得到如下所示的輸出：

```
<html><h1>Docker Cookbook</h1></html>
```

◉ 如何辦到的

當一個容器使用「-p <host port>:<container port>」的方式啟動容器，
Docker Engine 會組態 iptables 的目標 NAT 規則。這個目標 NAT 規則的責
任就是把所有前往 Docker 主機連接埠的封包重導至容器的連接埠：

```
$ sudo iptables -t nat -L -n
Chain PREROUTING (policy ACCEPT)
target     prot opt source               destination
DOCKER     all  --  0.0.0.0/0            0.0.0.0/0            ADDRTYPE match dst-type LOCAL

Chain INPUT (policy ACCEPT)
target     prot opt source               destination

Chain OUTPUT (policy ACCEPT)
target     prot opt source               destination
DOCKER     all  --  0.0.0.0/0            !127.0.0.0/8         ADDRTYPE match dst-type LOCAL

Chain POSTROUTING (policy ACCEPT)
target     prot opt source               destination
MASQUERADE all  --  172.17.0.0/16        0.0.0.0/0
MASQUERADE tcp  --  172.17.0.2           172.17.0.2          tcp dpt:80

Chain DOCKER (2 references)
target     prot opt source               destination
RETURN     all  --  0.0.0.0/0            0.0.0.0/0
DNAT       tcp  --  0.0.0.0/0            0.0.0.0/0            tcp dpt:80 to:172.17.0.2:80
```

要注意的是，Docker Engine 會使用以下的組態新增一個目標 NAT 規則：

- **Source address 0.0.0.0/0**：這是萬用位址，表示這個規則可以應用到任意來源封包。

- **Destination address 0.0.0.0/0**：這是萬用的位址，表示這個規則可以被應用到在 Docker 主機的任一網路介面中接收到的封包。

- **Destination port dpt:80**：這是這個規則中的其中一個關鍵屬性，它啟用 iptables 去選擇性地應用此規則到那些送到 Docker 主機 80 埠的封包。

- **Forwarding address 172.17.0.2:80**：當容器的 IP 位址和連接埠符合前面所設定的規則時，iptables 才會引導這些封包。

◉ 補充資訊

docker container run 指令的「-p (--publish)」參數支援 4 個組態配置讓我們可以用來發佈容器服務到外界，分別說明如下：

1. `<hostPort>:<containerPort>`：此組態在前面的訣竅中已提及。

2. `<containerPort>`：此種組態只有指定容器的連接埠，然後讓 Docker Engine 選擇 Docker 主機的連接埠。典型的連接埠範圍為 3276 到 61000，這個範圍定義在 /proc/sys/net/ipv4/ip_local_port_range 中。

3. `<ip>:<hostPort>:<containerPort>`：此種組態和 `<hostPort>:<containerPort>` 類似，然而，在這裡指定了一個特定的 Docker 主機 IP 介面。

4. `<ip>::<containerPort>`：此種組態非常類似於 `<containerPort>`，然而，在此指定了一個特定的 Docker 主機 IP 介面。

docker container run 指令的「-P (--publish-all)」參數會從 image 中繼資料中讀出容器的連接埠,然後把它對應到 Docker 主機中一個隨機的高序連接埠(32768 到 61000)。Dockerfile 的 EXPOSE 指令會把連接埠的資料添加到 image 中繼資料中。

◉ 可參閱

- docker container run 的使用說明可藉由輸入以下的指令取得:

```
$ docker container run --help
```

- 在 Docker 網站上可以找到詳細的說明文件:

  - https://docs.docker.com/engine/userguide/networking/

  - https://docs.docker.com/engine/userguide/networking/default_network/binding/

 ## 把容器附加到主機的網路 ▪▪▪

在前一個訣竅中,Docker 預設會把我們的容器附加到預設的橋接網路 docker0,然後提升 iptables 的 DNAT 規則以允許來自於外界網路的 TCP 連線。然而,許多的應用案例裡,在容器中需要有對於主機網路命名空間具備完全的存取能力。例如在本章簡介的部份所使用的 brctl show 情境。在這個訣竅中將會把一個容器附加到預設的橋接網路,再把另一個容器附加到主機的網路,然後比較其中的差異。

◉ 備妥

在開始之前,請確保 Docker daemon 可正常執行,而且可以存取到 alpine 映像檔。

◉ 如何做

請依照以下的步驟進行：

1. 首先，啟動一個沒有設定網路功能的 alpine 容器，然後呼叫 ip address 指令，過程如下圖所示：

```
$ docker container run -it --rm alpine sh
/ # ip address
1: lo: <LOOPBACK,UP,LOWER_UP> mtu 65536 qdisc noqueue state UNKNOWN
    link/loopback 00:00:00:00:00:00 brd 00:00:00:00:00:00
    inet 127.0.0.1/8 scope host lo
       valid_lft forever preferred_lft forever
    inet6 ::1/128 scope host
       valid_lft forever preferred_lft forever
9: eth0: <BROADCAST,MULTICAST,UP,LOWER_UP> mtu 1500 qdisc noqueue state UP
    link/ether 02:42:ac:11:00:02 brd ff:ff:ff:ff:ff:ff
    inet 172.17.0.2/16 scope global eth0
       valid_lft forever preferred_lft forever
    inet6 fe80::42:acff:fe11:2/64 scope link
       valid_lft forever preferred_lft forever
```

2. 接著啟用一個 alpine 容器，透過「--net=host」指令參數把它附加到 Docker 主機的網路堆疊，再執行 ip address 指令，結果如下圖所示：

```
$ docker container run -it --rm --net=host alpine sh
/ # ip address
1: lo: <LOOPBACK,UP,LOWER_UP> mtu 65536 qdisc noqueue state UNKNOWN qlen 1
    link/loopback 00:00:00:00:00:00 brd 00:00:00:00:00:00
    inet 127.0.0.1/8 scope host lo
       valid_lft forever preferred_lft forever
    inet6 ::1/128 scope host
       valid_lft forever preferred_lft forever
2: enp0s3: <BROADCAST,MULTICAST,UP,LOWER_UP> mtu 1500 qdisc pfifo_fast state UP qlen 1000
    link/ether 02:50:7f:03:3f:72 brd ff:ff:ff:ff:ff:ff
    inet 10.0.2.15/24 brd 10.0.2.255 scope global enp0s3
       valid_lft forever preferred_lft forever
    inet6 fe80::50:7fff:fe03:3f72/64 scope link
       valid_lft forever preferred_lft forever
3: docker0: <BROADCAST,MULTICAST,UP,LOWER_UP> mtu 1500 qdisc noqueue state UP
    link/ether 02:42:d8:87:da:01 brd ff:ff:ff:ff:ff:ff
    inet 172.17.0.1/16 scope global docker0
       valid_lft forever preferred_lft forever
    inet6 fe80::42:d8ff:fe87:da01/64 scope link
       valid_lft forever preferred_lft forever
7: vethf4cdb6e@if6: <BROADCAST,MULTICAST,UP,LOWER_UP,M-DOWN> mtu 1500 qdisc noqueue master docker0 state UP
    link/ether 96:1a:98:bb:1e:8e brd ff:ff:ff:ff:ff:ff
    inet6 fe80::941a:98ff:febb:1e8e/64 scope link
       valid_lft forever preferred_lft forever
```

在第一個步驟中，Docker 為容器建立一個網路命名空間，然後指定一個 IP 位址給容器，而在第二個步驟中，Docker 把容器附加到主機網路的堆疊中，因此容器對主機的網路堆疊就有完全的存取能力。

◉ 如何辦到的

Docker Engine 啟動一個新的容器，並附加此容器到 Docker 主機的網路堆疊，使得此容器被允許對主機的網路堆疊有全部的存取權限。

◉ 可參閱

- 可以藉由以下的指令碼取得 doker container run 的使用說明：

```
$ docker container run --help
```

- 在 Docker 網站上可以找到詳細的說明文件：

  - https://docs.docker.com/engine/userguide/networking/

  - https://docs.docker.com/engine/userguide/networking/default_network/binding/

 ## 啟動沒有網路的容器 ■ ■ ■

Docker 在本質上具備有三種類型的網路（bridge、hosts、以及 none），從以下的 docker network ls 指令之輸出就可以明顯地看出：

```
$ docker network ls
NETWORK ID          NAME                DRIVER              SCOPE
b03d598a7cda        bridge              bridge              local
1078a3d65769        host                host                local
9144587f4b78        none                null                local
```

在前面的訣竅中已經討論了 bridge 以及 host 連網能力。none 網路模式可以用於當你在容器中包裝了任一工具，而這些工具是不需要任何連網功能的時候。此外，none 網路模式也可以被用在執行不包含 Docker 的自訂網路探索上。在這個訣竅中，將啟用一個設定為 none 網路模式的容器，然後探索這個容器的網路細節。

◉ 備妥

在開始之前，請確認 Docker daemon 正在執行中，而且可以操作到 alpine 映像檔。

◉ 如何做

在 docker container run 指令中使用「--net none」參數以啟動一個沒有網路的容器，如下圖所示：

```
$ docker container run --rm --net=none alpine ip address
1: lo: <LOOPBACK,UP,LOWER_UP> mtu 65536 qdisc noqueue state UNKNOWN qlen 1
    link/loopback 00:00:00:00:00:00 brd 00:00:00:00:00:00
    inet 127.0.0.1/8 scope host lo
       valid_lft forever preferred_lft forever
```

當我們啟動一個網路模式設定為 none 的容器時，Docker 只會為這個容器建立一個 loopback 介面。因為這個容器沒有定義的乙太網路，所以它就被隔絕在網路之外了。

◉ 如何辦到的

當一個容器被啟動在 none 網路模式時，Docker Engine 會為這個容器建立一個網路命名空間，然而，它並不會為這個容器組態任何網路。

◉ 可參閱

- 可以使用以下的指令取得 docker container run 的使用說明：

```
$ docker container run --help
```

- 在 Docker 網站上可以找到詳細的說明文件：

  - https://docs.docker.com/engine/userguide/networking/

  - https://docs.docker.com/engine/userguide/networking/default_
    network/binding/

 與其他的容器共享 IP 位址 ∎∎∎

在一般情況下，當啟動一個容器時，Docker Engine 會指定一個 IP 位址給容器。當然，我們可以使用 host 網路模式去附加這個容器到 Docker 主機的 IP 位址，或是使用 none 網路模式以啟動一個沒有設定任何 IP 位址的容器。但你可能會碰到需要有幾個不同的服務共享同一個 IP 位址的情境。要應付這種狀況，我們可以在一個容器中執行多個服務，不過，像這樣的實作通常會被認為是不良的容器應用方式。

另一種較好的方式是在分開的容器中分別各執行一個服務，但是它們彼此共享同一個 IP 位址，如下圖所示的拓樸方式：

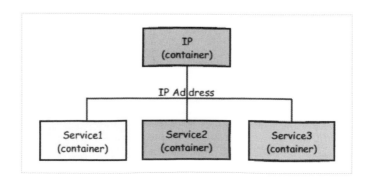

在本質上，Docker Engine 指定一個 IP 位址給 IP 容器，然後這個 IP 位址被承襲到 **Service 1**、**Service 2**、以及 **Service 3** 這三個容器。在這個訣竅中將會啟動一個容器，再把 IP 位址共享給其他的容器。

◉ 備妥

在開始之前，請確保 Docker daemon 正常執行中，而且可以存取到 alpine 映像檔。

◉ 如何做

請依照以下的步驟進行：

1. 首先，在背景中啟動一個容器，如下圖所示：

```
$ docker container run -itd --name=ipcontainer alpine
f1c34069d882c16292554f3f68b97e2828b549c09f41ec13d13344b64e18f615
```

在此，把容器命名為 `ipcontainer`。

2. 檢視 `ipcontainer` 的 IP 位址，如下所示：

```
$ docker container exec ipcontainer ip addr
1: lo: <LOOPBACK,UP,LOWER_UP> mtu 65536 qdisc noqueue state UNKNOWN qlen 1
    link/loopback 00:00:00:00:00:00 brd 00:00:00:00:00:00
    inet 127.0.0.1/8 scope host lo
       valid_lft forever preferred_lft forever
4: eth0@if5: <BROADCAST,MULTICAST,UP,LOWER_UP,M-DOWN> mtu 1500 qdisc noqueue state UP
    link/ether 02:42:ac:11:00:02 brd ff:ff:ff:ff:ff:ff
    inet 172.17.0.2/16 scope global eth0
       valid_lft forever preferred_lft forever
```

3. 最後，啟動一個容器，並把它的網路附加到 `ipcontainer`，然後顯示出被附加到這個容器的 IP 位址：

```
$ docker container run --rm --net container:ipcontainer alpine ip addr
1: lo: <LOOPBACK,UP,LOWER_UP> mtu 65536 qdisc noqueue state UNKNOWN qlen 1
    link/loopback 00:00:00:00:00:00 brd 00:00:00:00:00:00
    inet 127.0.0.1/8 scope host lo
       valid_lft forever preferred_lft forever
4: eth0@if5: <BROADCAST,MULTICAST,UP,LOWER_UP,M-DOWN> mtu 1500 qdisc noqueue state UP
    link/ether 02:42:ac:11:00:02 brd ff:ff:ff:ff:ff:ff
    inet 172.17.0.2/16 scope global eth0
       valid_lft forever preferred_lft forever
```

正如同你在步驟 2 和步驟 3 中看到的，在步驟 2 中 ipcontainer 的 eth0
以及在步驟 3 中暫時的容器，都擁有相同第 4 個索引的網路介面以及
172.17.0.2 這個 IP 位址。

◉ 如何辦到的

在這個訣竅中，我們建立了一個容器，接著依序建立使用第一個容器的網
路的容器。在這個例子中，Docker Engine 會為第一個容器建立一個網路命
名空間，接著把相同的命名空間指定給其他容器使用。

◉ 補充資訊

當容器共享網路命名空間的時候，原始的那個容器建立的命名空間必須是處
於執行狀態中一直到其他容器執行為止。如果第一個容器比其他容器還要早
停止，這將會讓其他的容器處於不穩定的狀態，如下面的指令碼所示：

```
$ docker container run -itd --net container:ipcontainer --name service1 alpine
c659e7e2cf7b352c13600362ebd7213eaa4b8c2c9845596ac129be648f1eb62f
$ docker stop ipcontainer
ipcontainer
$ docker container exec service1 ip addr
rpc error: code = 2 desc = oci runtime error: exec failed: container_linux.go:255: creating new parent
process caused "container_linux.go:1462: running lstat on namespace path \"/proc/2864/ns/net\" caused \"
lstat /proc/2864/ns/net: no such file or directory\""
$ docker container ps -a
CONTAINER ID        IMAGE           COMMAND        CREATED          STATUS
     PORTS              NAMES
c659e7e2cf7b        alpine          "/bin/sh"      About a minute ago  Up About a minute
                        service1
f1c34069d882        alpine          "/bin/sh"      3 minutes ago    Exited (137) 33 seconds
ago                    ipcontainer
```

在 Kubernetes（http://kubernetes.io/）pod 中的容器使用此種方式共享在
pod 裡的容器 IP 位址。我們將會在第 8 章「*Docker 的協作以及組織一個
平台*」中再回到這個主題。

◎ 可參閱

- 以下的指令可以取得 docker container run 指令：

```
$ docker container run --help
```

- 在 Docker 網站上可以找到詳細的說明文件：

  - https://docs.docker.com/engine/userguide/networking/

  - https://docs.docker.com/engine/userguide/networking/default_network/binding/

 ## 建立使用者定義橋接網路

在前面的訣竅中，我們使用預設的橋接網路，它是在安裝 Docker 時就啟用的。容器在彼此之間透過橋接網路使用 IP 位址互相通訊而不是容器的名稱。在微服務的架構中，多個容器被編配組合以提供一個有意義的高階服務，因此在容器間進行高效的通訊是非常必要的。容器的 IP 位址在容器開始執行的時候被指派，因此它並不能在多容器的編配中執行得很好。Docker 試著使用 docker container run 指令的「--link」參數以靜態連結容器之方式解決這個問題。不幸的是，被連結的容器間對於容器的生命週期是具有很強的連結特性，所以一個容器的重新啟動可能會危害到整個解決方案，而且這個方式也沒辦法擴大規模。後來，在第 1.9 和 1.12 版之間，Docker 引介了一系列的新功能，使用一個使用者定義的網路（user-defined network）以解決許多前面所提到的多容器編配以及通訊之間的缺點。

使用者定義橋接網路在功能上非常類似於預設的橋接網路，它的特色如下：

- 透過內嵌的 DNS 伺服器進行服務探尋（Service discovery），此功能非常適用於多容器的編配和通訊上。

- 以 DNS 為基礎的負載平衡（DNS-based load balancing），這是另外一個讓多容器編配和通訊更完善的一個很酷的功能。要留意的是，此功能讓我們可以無縫地以及通透地擴展容器。

- 可選用的功能中，我們可以組態子網段到橋接網路。

- 可選用的功能中，我們可以手動地設定 IP 位址至來自於橋接子網路的容器。

在這個訣竅中將會建立一個使用者定義網路，然後觀察其基本建構。在接下來的訣竅中，我們將會在這個使用者定義的橋接網路中建立容器，然後示範使用者定義橋接網路的能耐。

◉ 備妥

在開始之前，請確保 Docker daemon 是正常執行的。

◉ 如何做

1. 讓我們使用 docker network create 指令，從建立一個新的使用者定義網路開始，如下所示：

```
$ docker network create cookbook
408276d6b1f2329c95e8274bee2f8c01f363e0ef1b0f5bab70644ca6a56942d7
```

在此，使用者定義的橋接網路被命名為 cookbook。

2. 使用 docker network inspect 指令觀察這個使用者定義橋接網路 cookbook：

```
$ docker network inspect cookbook
[
    {
        "Name": "cookbook",
        "Id": "408276d6b1f2329c95e8274bee2f8c01f363e0ef1b0f5bab70644ca6a56942d7",
        "Created": "2017-11-03T18:55:21.759438958Z",
        "Scope": "local",
        "Driver": "bridge",
        "EnableIPv6": false,
        "IPAM": {
            "Driver": "default",
            "Options": {},
            "Config": [
                {
                    "Subnet": "172.18.0.0/16",
                    "Gateway": "172.18.0.1"
                }
            ]
        },
        "Internal": false,
        "Attachable": false,
        "Ingress": false,
        "ConfigFrom": {
            "Network": ""
        },
        "ConfigOnly": false,
        "Containers": {},
        "Options": {},
        "Labels": {}
    }
]
```

在此，**172.18.0.0/16** 子網段被設定到使用者定義橋接網路 cookbook，
然後 **172.18.0.1** 這個 IP 位址被指定到閘道位址。

3. 接下來檢視 Docker 主機介面的詳細資訊：

```
$ ip addr
1: lo: <LOOPBACK,UP,LOWER_UP> mtu 65536 qdisc noqueue state UNKNOWN group default qlen 1
    link/loopback 00:00:00:00:00:00 brd 00:00:00:00:00:00
    inet 127.0.0.1/8 scope host lo
       valid_lft forever preferred_lft forever
    inet6 ::1/128 scope host
       valid_lft forever preferred_lft forever
2: enp0s3: <BROADCAST,MULTICAST,UP,LOWER_UP> mtu 1500 qdisc pfifo_fast state UP group default qlen 1000
    link/ether 02:50:7f:03:3f:72 brd ff:ff:ff:ff:ff:ff
    inet 10.0.2.15/24 brd 10.0.2.255 scope global enp0s3
       valid_lft forever preferred_lft forever
    inet6 fe80::50:7fff:fe03:3f72/64 scope link
       valid_lft forever preferred_lft forever
3: docker0: <NO-CARRIER,BROADCAST,MULTICAST,UP> mtu 1500 qdisc noqueue state DOWN group default
    link/ether 02:42:a7:08:d4:20 brd ff:ff:ff:ff:ff:ff
    inet 172.17.0.1/16 scope global docker0
       valid_lft forever preferred_lft forever
    inet6 fe80::42:a7ff:fe08:d420/64 scope link
       valid_lft forever preferred_lft forever
10: br-408276d6b1f2: <NO-CARRIER,BROADCAST,MULTICAST,UP> mtu 1500 qdisc noqueue state DOWN group default
    link/ether 02:42:c4:1d:13:81 brd ff:ff:ff:ff:ff:ff
    inet 172.18.0.1/16 scope global br-408276d6b1f2
       valid_lft forever preferred_lft forever
```

可以看到一個新的 Linux 介面 br-408276d6b1f2 被建立出來了，而且它被指定到位址 172.18.0.1/16。此橋接介面的名稱是以 br- 開頭，然後加上網路 ID 的後面 12 個字元所組成。

4. 最後，讓我們檢視 iptables 以瞭解使用者定義橋接介面的 NAT 行為方式：

```
$ sudo iptables -t nat -L -n
Chain PREROUTING (policy ACCEPT)
target     prot opt source            destination
DOCKER     all  -- 0.0.0.0/0          0.0.0.0/0          ADDRTYPE match dst-type LOCAL

Chain INPUT (policy ACCEPT)
target     prot opt source            destination

Chain OUTPUT (policy ACCEPT)
target     prot opt source            destination
DOCKER     all  -- 0.0.0.0/0          !127.0.0.0/8       ADDRTYPE match dst-type LOCAL

Chain POSTROUTING (policy ACCEPT)
target     prot opt source            destination
MASQUERADE all  -- 172.18.0.0/16      0.0.0.0/0
MASQUERADE all  -- 172.17.0.0/16      0.0.0.0/0

Chain DOCKER (2 references)
target     prot opt source            destination
RETURN     all  -- 0.0.0.0/0          0.0.0.0/0
RETURN     all  -- 0.0.0.0/0          0.0.0.0/0
```

從上圖可以看出，一個叫做 POSTROUTING 的 NAT 規則已經被加入到 172.18.0.0/16 的子網段中，就像是預設的橋接器一樣。

◉ 如何辦到的

當我們建立了一個使用者定義橋接介面之後，Docker 會建立一個 Linux 橋接介面，然後在 iptables 中建立必要的 NAT 規則。

◉ 補充資訊

docker network create 指令提供超過一打的參數選項，讓我們可以根據企業的需求自訂網路設定。在以下的例子中，我們會在 10.1.0.0/16 子網段中建立一個使用者定義網路：

```
$ docker network create 10dot1net --subnet 10.1.0.0/16
```

◉ 可參閱

- docker network create 指令的使用說明如下：

```
$ docker network create --help
```

- 在 Docker 網站上可以找到詳細的說明文件：

  - https://docs.docker.com/engine/userguide/networking/

  - https://docs.docker.com/engine/userguide/networking/default_network/binding/

探索以及負載平衡容器

在前面的訣竅中，我們檢視了運用使用者定義橋接介面的好處，以及建立和檢查使用者定義橋接網路的步驟。在這個訣竅中將建立一個容器拓樸，如下圖所示：

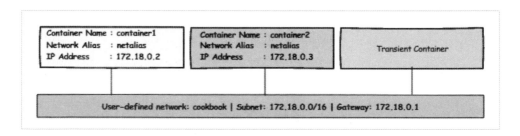

在這個拓樸中，我們將會啟動 container1 以及 container2 作為服務，並使用一個暫時的 container 以展示使用者定義橋接網路在如下所列的服務之功能：

- 藉由內嵌的 DNS 伺服器進行服務探索（service discovery）

- 以 DNS 為基礎的負載平衡

◎ 備妥

在開始之前,請確定 Docker daemon 處理執行狀態。

◎ 如何做

請依照以下的步驟進行:

1. 首先,請連結兩個容器,container1 以及 container2,透過 docker container run 指令,把它們連接到使用者定義橋接網路 cookbook,如下圖所示:

```
$ docker container run -itd --name container1 --network-alias netalias --net cookbook alpine
e6bad4090e6a1d6fb97a3e98c15e82355cc716b9c40f6618763c6bb1c5cebd05
$ docker container run -itd --name container2 --network-alias netalias --net cookbook alpine
61a73938290a3218d58bc01a4102df5ce6942ca1baac2a116e7ff1e7e4f19d68
```

--network-alias 參數可讓我們透過單一個別名組織多個容器,然後使用內嵌的 DNS 進行負載平衡。內嵌的 DNS 提供輪詢式(round-robin)的負載平衡。

2. 檢視包括 container1 以及 container2 的 IP 位址,透過如下的 docker container inspect 指令:

```
$ docker container inspect --format '{{ .NetworkSettings.Networks.cookbook.IPAddress }}' container1
172.18.0.2
$ docker container inspect --format '{{ .NetworkSettings.Networks.cookbook.IPAddress }}' container2
172.18.0.3
```

在此,.NetworkSettings.Networks.cookbook.IPAddress 過濾器被套用到 --format 參數,因為我們知道這些容器是被連結到使用者定義橋接網路 cookbook。

3. 現在,讓我們使用暫時容器去理解使用者定義網路的服務探索(service discovery)功能,如同下圖所示:

```
$ docker container run --rm --net cookbook alpine ping -c1 container1
PING container1 (172.18.0.2): 56 data bytes
64 bytes from 172.18.0.2: seq=0 ttl=64 time=0.097 ms

--- container1 ping statistics ---
1 packets transmitted, 1 packets received, 0% packet loss
round-trip min/avg/max = 0.097/0.097/0.097 ms
$ docker container run --rm --net cookbook alpine ping -c1 container2
PING container2 (172.18.0.3): 56 data bytes
64 bytes from 172.18.0.3: seq=0 ttl=64 time=0.096 ms

--- container2 ping statistics ---
1 packets transmitted, 1 packets received, 0% packet loss
round-trip min/avg/max = 0.096/0.096/0.096 ms
```

很酷，對吧！現在容器間可以使用容器的名稱彼此溝通。此種服務探索功能大幅地簡化了多容器編配作業。

4. 在鑽研了服務探索功能之後，讓我們藉由 ping 網路別名 netalias 的方式，對於使用者定義網路的 DNS 負載平衡功能有更多的瞭解：

```
$ docker container run --rm --net cookbook alpine ping -c1 netalias
PING netalias (172.18.0.3): 56 data bytes
64 bytes from 172.18.0.3: seq=0 ttl=64 time=0.217 ms

--- netalias ping statistics ---
1 packets transmitted, 1 packets received, 0% packet loss
round-trip min/avg/max = 0.217/0.217/0.217 ms
$ docker container run --rm --net cookbook alpine ping -c1 netalias
PING netalias (172.18.0.2): 56 data bytes
64 bytes from 172.18.0.2: seq=0 ttl=64 time=0.292 ms

--- netalias ping statistics ---
1 packets transmitted, 1 packets received, 0% packet loss
round-trip min/avg/max = 0.292/0.292/0.292 ms
```

我們可以從上圖瞭解到，對於 netalias 的第 1 個 ping 得到的是從 IP 位址 172.18.0.3 來的回應，它是 container2。第 2 個對 netalias 的 ping，得到的是從 172.18.0.2 的回應，它是 container1。本質上，內嵌的 DNS 負載平衡器是使用輪詢演算法的 netalias 來解決的。

◉ 如何辦到的

當容器連接到一個使用者定義網路時，Docker Engine 會新增容器的名稱以及它的網路別名（如果存在的話）到使用者定義網路的 DNS 紀錄。然後

Docker 透過被放在 127.0.0.11 上的內嵌 DNS，共享這些細節給其他共同連接到同一個使用者定義網路的容器。

◉ 補充資訊

* 就像是其他的 DNS 伺服器，我們可以查詢內嵌 DNS 伺服器的 DNS 紀錄，使用的指令是 dig 或是 nslookup。在此，我們使用叫做 sequenceiq/alpine-dig 的第三方映像檔，因為這個映像檔內建就有 dig 指令，我們使用的不是 alpine 映像檔，因為這個映像檔並沒有 dig 指令：

```
$ docker container run --rm --net cookbook sequenceiq/alpine-dig dig netalias

; <<>> DiG 9.10.2 <<>> netalias
;; global options: +cmd
;; Got answer:
;; ->>HEADER<<- opcode: QUERY, status: NOERROR, id: 47862
;; flags: qr rd ra; QUERY: 1, ANSWER: 2, AUTHORITY: 0, ADDITIONAL: 0

;; QUESTION SECTION:
;netalias.                      IN      A

;; ANSWER SECTION:
netalias.               600     IN      A       172.18.0.3
netalias.               600     IN      A       172.18.0.2

;; Query time: 0 msec
;; SERVER: 127.0.0.11#53(127.0.0.11)
;; WHEN: Sun Nov 05 08:30:36 UTC 2017
;; MSG SIZE  rcvd: 74
```

可以看到 DNS 項目 netalias 有兩個 IP 位址：172.18.0.3 及 172.18.0.2，被當做是 DNS 中的 A 紀錄。

* 像是 nginx 這一類的應用程式，通常會快取 IP 位址，因此，以 DNS 為基礎的負載平衡解決方案通常沒辦法在這一類的應用程式中產生效果。

◉ 可參閱

* docker network create 的使用說明如下：

```
$ docker network create -help
```

- dig 指令的 h 選項：

```
$ dig -h
```

- 在 Docker 的網站上可以找到詳細的說明文件：

  - https://docs.docker.com/engine/userguide/networking/

  - https://docs.docker.com/engine/userguide/networking/default_
    network/binding/

 # 使用 volume 提供永久資料儲存

正如同我們所注意到的，容器的讀寫層是暫時性的，而且當容器移除的時候就會被摧毀。然而，有許多情況是在容器的生命週期之外還必須保存應用程式的資料。例如，Docker registry 容器保有所有推送到它的映像檔。如果這個容器被刪除了，我們將會失去所有它保有的映像檔。雖然我們可以採取容器的 commit 流程以保存這些資料，但是它會讓 image 過於膨脹而且也會讓部署的程序變得複雜。推薦的方法是使用 volume 或是一個掛載的連結，讓這些應用程式的資料永久地放在容器外的檔案系統。我們將會在下一個訣竅中討論掛載的解決方案。

Docker volume 是在 Docker 主機中的一個特殊的目錄，它由 Docker 建立與管理。我們可以掛載這些 volume 到容器，並把應用程式的資料儲存在 volume 中。Docker volume 可以是有特定的名稱或是匿名（anonymous）。在功能上，anonymous volume 和有名字的是一樣的，然而，anonymous volume 的名字則是隨機產生的。Docker 也支援 volume 外掛以應付進階的儲存需求，這部份的內容並不在本書的討論範圍。

在這個訣竅中將示範使用一個有名字的 volume 和兩個容器建立資料永久保存的方式。

◉ 備妥

在開始之前，請確保 Docker daemon 處於執行狀態。

◉ 如何做

請依照以下的步驟進行：

1. 首先建立一個有名字的 volume，請使用以下的 docker volume create
   指令：

```
$ docker volume create datavol
datavol
```

2. 使用 docker volume ls 指令列出剛剛建立的 volume，如下所示：

```
$ docker volume create ls
DRIVER VOLUME NAME
local  datavol
```

3. 使用 docker container run 指令啟動一個交談式的容器，並加上「-v」
   參數把剛建立的 datavol volume 掛載到容器上，如下所示：

```
$ docker container run -it --rm -v datavol:/data alpine / #
```

4. 現在，請在容器的 /data 資料夾中建立一個新檔案，並寫入資料：

```
/ # echo "This is a named volume demo" > /data/demo.txt / #
```

5. 請離開剛剛的容器並使用 docker container rm 指令移除此容器。

6. 現在，啟動一個新的容器，並再次掛載 datavol 這個 volume，然後印出
   demo.txt 這個檔案。在此我們故意選用 ubuntu 映像檔以強調 Docker
   的 volume 功能在不同的 Docker 映像檔間也可以交互使用：

```
$ docker container run --rm \ -v datavol:/data ubuntu cat
/data/demo.txt
```

這個是有名字的 volume 的示範,我們在第一個容器中所寫入的文字已被 datavol volume 永久保存,就可以被後來的第二個容器所讀取。

◉ 如何辦到的

預設的 docker volume create 指令在 Docker host 的 /var/lib/docker/volumes/ 資料夾之下建立了一個子目錄。以在這個訣竅中的例子而言,datavol 子目錄就被建立在 /var/lib/docker/volumes/ 之下。此外,Docker 自己也另外再為每一個 volume 在它被建立的資料夾下建立一個叫做 _data 的資料夾,我們可以使用 docker volume inspect 指令確認這個資料夾的路徑,如下圖所示:

```
$ docker volume inspect datavol
[
    {
        "Driver": "local",
        "Labels": {},
        "Mountpoint": "/var/lib/docker/volumes/datavol/_data",
        "Name": "datavol",
        "Options": {},
        "Scope": "local"
    }
]
```

當我們把 volume 掛載到容器時,Docker 內部會繫結 volume 的 _data 目錄到容器。

我們將會在下一個訣竅學習到更多關於繫結掛載(bind mounting)的細節。

在目前這個訣竅中,當啟動容器時,它繫結掛載了 /var/lib/docker/volumes/datavol/_data 這個資料夾,任何在這個 volume 上的檔案的操作均會被永久地保存在這個資料夾中,以下是使用 tree 這個指令所列出來的輸出:

```
$ sudo tree -a /var/lib/docker/volumes/datavol
/var/lib/docker/volumes/datavol
└── _data
    └── demo.txt

1 directory, 1 file
$
```

因為檔案的操作被放在容器之外，因此 volume 的生命週期不會和容器綁在
一起。

◉ 補充資訊

Docker 讓我們可以在超過一個容器共享 volume，因此 volume 也可以被當
作是不同容器間共享資料一個有效率的載具。

◉ 可參閱

• 取得 docker volume create 指令的使用說明方法如下：

```
$ docker volume create -help
```

• 取得 docker volume ls 指令的使用說明方法如下：

```
$ docker volume ls -help
```

• 取得 docker volume inspect 指令的使用說明方法如下：

```
$ docker volume inspect -help
```

• 在 Docker 網站上可以找到詳細的說明文件：

  ▪ https://docs.docker.com/engine/admin/volumes/volumes/

  ▪ https://docs.docker.com/engine/reference/commandline/volume_
    create/

  ▪ https://docs.docker.com/engine/reference/commandline/volume_ls/

  ▪ https://docs.docker.com/engine/reference/commandline/volume_
    inspect/

在主機和容器之間共享資料 ■ ■ ■ ■

在前一個訣竅中,使用了有名稱的 volume 來永久保存應用程式資料。也學到了有名稱的 volume 可以被用在不同容器間共享資料。在這個訣竅中,我們打算使用繫結掛載(bind mounting)的方式來把 Docker host 上的資料夾掛載到容器中,然後使用這個掛載點共享 Docker host 和容器間的資料。

◉ 備妥

在開始之前,請確保 Docker daemon 處於執行狀態。

◉ 如何做

請依照以下的步驟進行:

1. 首先,請在目錄中建立一個新的資料夾叫做 data_share:

```
$ mkdir $HOME/data_share
```

2. 在 Docker host 的 $HOME/data_share 資料夾中建立一個新的檔案,並寫入一些文字:

```
$ echo "data sharing demo" > $HOME/data_share/demo.txt
```

3. 啟動一個容器,並掛載 $HOME/data_share 資料夾,然後印出 demo.txt 的內容如下:

```
$ docker container run --rm \
        -v $(HOME)/data_share:/data \
        ubuntu cat /data/demo.txt
data sharing demo
```

在這個訣竅中,我們有效地從 Docker host 分享一個檔案到容器中。雖然這是一個非常簡單的例子,但是卻是一個非常有用的機制,可以用來共享應用程式的系統配置資訊以及其他細節。

◉ 如何辦到的

當一個容器在啟動時加上了 -v <host path>:<container path> 參數,Docker Engine 會繫結掛載這個主機的路徑到容器檔案系統中指定的路徑位置。繫結掛載是 Linux 的功能之一,主要是用來取得一個現有的資料夾結構以對應到另外一個不同的位置。

◉ 補充資訊

在這個訣竅中,我們掛載了一個目錄到容器中。用相同的方式也可以掛載單一檔案到容器上,如下所示:

```
$ docker container run --rm \
        -v $(HOME)/data_share/demo.txt:/demo.txt \
        ubuntu cat /demo.txt
data sharing demo
```

在預設的情況下,當一個目錄或是一個檔案被掛載到容器中時,是以可讀寫模式掛上去的,在容器中就可以修改被掛載的目錄或檔案的內容。我們可以使用 ro 旗標以防止掛載的檔案或目錄的內容遭到變更,指令如下:

```
$ touch file
$ docker container run -rm \
                    -v ${PWD}/file:/file:rw \
                    ubuntu sh -c "echo rw mode >> /file"
$ cat file
rw mode
$ docker container run -rm \
                    -v ${PWD}/file:/file:rw \
                    ubuntu sh -c "echo ro >> /file"
sh: 1: cannot create /file: Read-only file system
```

顯然地，write 操作會在我們設定了這個唯讀旗標之後得到失敗的結果。

◉ 可參閱

- 取得 docker container run 指令的幫助資訊方法如下：

```
$ docker container run -help
```

- 在 Docker 的網站上可以找到詳細的說明文件：

https://docs.docker.com/engine/admin/volumes/volumes/

應用案例

本章涵蓋以下主題

- 使用 Docker 進行測試

- 在 Shippable 及 Heroku 上執行 CI/CD

- 在 TravisCI 中執行 CI/CD

- 在 OpenShift origin 中設置 PaaS

- 在 OpenShift 上從原始碼開始建置並部署 app

簡介

現在我們已經知道如何使用容器與映像檔了。在上一章也看到如何連結容器以及在主機與其他容器間共享資料,並且也看到了在一台主機上的容器如何和另外一台主機上的容器進行通訊。

現在,讓我們來看看 Docker 的其他應用案例,以下所列的是其中的一些:

- **點子的快速原型實現**:這是我最喜歡的應用案例之一。當我們有一個點子的時候,使用 Docker 可以很容易地做出原型。需要做的只是設置容器以提供需要的後端服務,然後把它們連結在一起。例如,設置一個 LAMP 應用程式,取得網頁以及 DB 伺服器並把它們連結在一起,就像是在前面章節中看到的例子。

- **協同合作以及散佈**:Git 是協同合作以及散佈程式碼的最佳範例。相同的,Docker 提供的功能像是 Dockerfile、registry、以及 import/export 分享以及與他人合作,我們已經在前面的章節中涵蓋了這個部份。

- **持續整合(Continuous Integration, CI)**:底下的定義來自於 Martin Fowler 的網站,在這個網頁(`http://www.martinfowler.com/articles/continuousIntegration.html`)中有詳細的說明。

  > 持續整合(*CI*)是一個軟體發展實務方法,團隊中的成員需要頻繁地整合他們的工作,通常是以天為單位在整合,所以每天會有多個整合工作。每一個整合會被自動化的建置(包括測試)進行驗證以儘快地偵測出整合上的錯誤。許多團隊發現這個方法可以很顯著地降低整合問題以及讓團隊更快速地開發內聚軟體。利用在其他章節中的訣竅,我們可以使用 *Docker* 建置一個 *CI* 環境。你可以建立自己的 *CI* 環境或從一些像是 *Shippable* 和 *TravisCI* 這些公司取得這些服務。本章的後面可以瞭解 *Shippable* 以及 *TravisCI* 可以如何被使用在 *CI* 作業上。

- **持續派送（Continuous Delivery, CD）**：CI 的下一個步驟就是 CD，透過 CD，我們可以很快地而且很可靠地把我們的程式碼派送到客戶手上、雲端平台、或是其他不需要手動作業的環境。在本章中將會看到如何透過 Shippable CI 自動化地在 Heroku 上部署 app。

- **平台即服務（Platform-as-a-Service, PaaS）**：Docker 可以被用來建置你自己的 PaaS。它可以被使用 tools/platforms 工具，像是 OpenShift、CoreOS、Atomic 或是其他的工具來部署。在本章的稍後，我們將會說明如何使用 OpenShift Origin（`https://www.okd.io`）去建置 PaaS。

 # 使用 Docker 進行測試

當進行開發以及 QA 時，在不同的環境中檢測程式碼是非常必要的。例如，我們可能會需要檢查 Python 程式碼在不同版本的 Python 直譯器，或是在不同的作業系統發行版本，像是 Fedora、Ubuntu、CentOS 等等的執行情況。在這個訣竅中將會使用 Flask，它是 Python 用來建置網站的微框架（`https://www.palletsprojects.com/p/flask/`）。我們將使用 Flask 在 GitHub 上的範例程式碼。我選用這個是為了保持範例的簡單性，而且它也可以很方便地在其他的訣竅中使用。

為了這個訣竅，我們將會建立兩個映像檔，其中一個準備為 Python 2.7 的容器，而另一個則準備為 Python 3.7 的容器。我們將使用範例 Python 測試碼在兩個容器中執行。

◉ 備妥

請確定完成以下的準備作業：

- 因為我們打算使用 Flask 在 GitHub 上的範例程式碼，所以要先從它的儲存庫中複製一份下來：

```
 $ cd /tmp
$ git clone https://github.com/pallets/flask
```

- 請建立以下的 Dockerfile_2.7 檔案，然後使用它來建置映像檔：

```
$ cat /tmp/Dockerfile_2.7
FROM python:2.7
RUN pip install flask pytest
ADD flask/ /flask
WORKDIR /flask/examples/tutorial
RUN pip install -e .
CMD ["/usr/local/bin/pytest"]
```

- 為了建置 python2.7test 映像檔，請執行以下的指令：

```
$ docker image build -t python2.7test -f /tmp/Dockerfile_2.7 .
```

- 同樣地，建立一個以 python:3.7 為基礎映像檔的 Dockerfile，然後藉此建置名為 python3.7test 的映像檔，如下所示：

```
$ cat /tmp/Dockerfile_3.7
FROM python:3.7
RUN pip install flask pytest
ADD flask/ /flask
WORKDIR /flask/examples/tutorial
RUN pip install -e .
CMD ["/usr/local/bin/pytest"]
```

- 為了建置 python3.7test 映像檔，請執行以下的指令：

```
$ docker image build -t python3.7test -f /tmp/Dockerfile_3.7 .
```

- 以下的指令用來確定兩個映像檔是否都順利建立完成：

```
$ docker image ls
```

```
$ docker image ls
REPOSITORY          TAG         IMAGE ID        CREATED         SIZE
python3.7test       latest      c66a0d9cf7c6    4 minutes ago   936MB
python2.7test       latest      f14bb76061f3    7 minutes ago   917MB
```

◉ 如何做

現在，使用這兩個剛建立好的映像檔執行為容器，以檢視其結果。

為了測試 Python 2.7，請執行以下的指令：

```
$ docker container run python2.7test
```

```
$ docker container run python2.7test
========================== test session starts ==========================
platform linux2 -- Python 2.7.15, pytest-3.7.1, py-1.5.4, pluggy-0.7.1
rootdir: /flask/examples/tutorial, inifile: setup.cfg
collected 24 items

tests/test_auth.py ........                                      [ 33%]
tests/test_blog.py ...........                                   [ 83%]
tests/test_db.py ..                                              [ 91%]
tests/test_factory.py ..                                         [100%]

======================= 24 passed in 1.57 seconds =======================
$
```

相同地，為了測試 Python 3.7，請執行以下的指令：

```
$ docker container run python3.7test
```

```
$ docker container run python3.7test
========================== test session starts ==========================
platform linux -- Python 3.7.0, pytest-3.7.1, py-1.5.4, pluggy-0.7.1
rootdir: /flask/examples/tutorial, inifile: setup.cfg
collected 24 items

tests/test_auth.py ........                                      [ 33%]
tests/test_blog.py ...........                                   [ 83%]
tests/test_db.py ..                                              [ 91%]
tests/test_factory.py ..                                         [100%]

======================= 24 passed in 1.51 seconds =======================
$
```

◉ 如何辦到的

正如同你在兩個 Dockerfile 中看到的，在執行 CMD 之前，它執行了 pytest 二進位檔，我們加上 Flask 原始碼到這個映像檔，切換工作目錄到教學範例目錄，/flask/examples/tutorial，然後安裝這個 app。如此，當容器被啟動的時候，它就會在我們的測試上執行 pytest 二進位檔。

◉ 補充資訊

- 在這個訣竅中，我們在不同版本的 Python 中測試程式碼。同樣地，你可以選用不同的映像檔版本像是 Fedora、CentOS、以及 Ubuntu 等等，以在不同的 Linux 發行版本上測試。

- 如果在你的環境中使用 Jenkins，那麼你可以使用它的 Docker 外掛以動態地在 Docker 主機上產生出一個 slave，執行建置作業，然後再把它移除。

關於此點的更多細節，請參考：
https://plugins.jenkins.io/docker-plugin

在 Shippable 及 Heroku 上執行 CI/CD

在前面的訣竅中，看到了關於 Docker 可以在本地端的 Dev 以及 QA 環境中如何被使用在測試上的應用範例。現在讓我們來看一個 end-to-end 的範例，以瞭解 Docker 可以如何應用在 CI/CD 的環境中。在這個訣竅將會看到使用 Shippable（https://www.shippable.com）執行 CI/CD，然後把它部署在 Heroku（https://www.heroku.com）上。

Shippable 是一個 SaaS 平台，它可以讓你很簡單地加入 Continuous Integration/Deployment 到你的 GitHub 以及 Bitbucket（Git）倉儲中，並全部在 Docker 中進行建置作業。Shippable 使用一些建置用的小執行者

（build minions），它們都是 Docker 容器，來分擔執行工作量。Shippable 支援多種程式語言，像是 Ruby、Python、Node.js、Java、Scala、PHP、Go、以及 Clojure。預設的建置小執行者是 Ubuntu 14.04 以及 Ubuntu 16.04。它們也從 Docker Hub 中使用客製化的映像檔作為小執行者。Shippable CI 需要關於專案以及建置指示的資訊，是放在一個叫做 `shippable.yml` 的 YAML 檔案中，此檔案必須要在你的原始程式碼倉儲中提供。yaml 檔案的內容包含了以下的指示：

- `language:`：在此指定使用的程式語言。

- `python`：在此可以指定在單一個建置指令中程式語言的不同版本進行測試。

- `build`：這是建置的管線。

- `ci`：這是用來執行建置的指令。

- `on_success:`：這些是在建置成功之後的指令，被使用來執行在 PaaS 上部署的作業，這些 PaaS 可能包括 Heroku、Amazon Elastic Beanstalk、AWS OpsWorks、Google App Engine 等等。

Heroku 是一個**平台即服務（Platform-as-a-Service, PaaS）**系統，它讓開發者可在雲端中執行以及操作應用程式。

在這個訣竅中，我們將會使用和前一個訣竅中所使用相同的範例程式碼，先在 Shippable 中測試，然後部署在 Heroku 上。

◉ 備妥

請依照以下的步驟完成準備工作：

1. 在 Shippable（`https://www/shippable.com`）上建立一個帳號。

2. 從網址 `https://github.com/kencochrane/heroku-flask-example` 分支一個 flask 範例，然後把它複製一份到本地電腦中。

3. 要讓分支下來的倉儲內容在 Heroku 上建立一個 app，需要幾個步驟：

建立一個 Heroku（https://signup.heroku.com）帳號，安裝 Heroku 應用程式，然後執行登入：

```
$ heroku login
```

```
$ heroku login
heroku: Enter your login credentials
Email [kencochrane@gmail.com]: kencochrane@gmail.com
Password: *******
Logged in as kencochrane@gmail.com
$ ▮
```

請留意在步驟 2 時要切換到分支複製下來的資料夾，然後在 Heroku 上建立一個 app：

```
$ heroku create --ssh-git
```

```
$ heroku create --ssh-git
Creating app... done, ● blooming-mountain-58044
https://blooming-mountain-58044.herokuapp.com/ | git@heroku.com:blooming-mountain-58044.git
$ ▮
```

把程式碼推送到 Heroku 以部署應用程式：

```
$ git push heroku master
```

```
$ git push heroku master
Counting objects: 21, done.
Delta compression using up to 8 threads.
Compressing objects: 100% (17/17), done.
Writing objects: 100% (21/21), 6.82 KiB | 3.41 MiB/s, done.
Total 21 (delta 5), reused 4 (delta 0)
remote: Compressing source files... done.
remote: Building source:
remote:
remote: -----> Python app detected
```

一分鐘之後，你的應用程式就被部署好了：

```
remote: -----> Launching...
remote:        Released v3
remote:        https://blooming-mountain-58044.herokuapp.com/ deployed to Heroku
remote:
remote: Verifying deploy... done.
To heroku.com:blooming-mountain-58044.git
 * [new branch]      master -> master
$
```

請確定應用程式最少有一個 dynamo，然後在瀏覽器中開啟這個 app 以確保它是正常執行的：

```
$ heroku ps:scale web=1
$ heroku open
```

```
$ heroku ps:scale web=1
Scaling dynos... done, now running web at 1:Free
$ heroku open
$
```

你的瀏覽器會開始並載入你的應用程式頁面。如果一切都沒問題，它應該看起來會像是下面這個樣子：

4. 在你的分支中更新 `shippable.yml` 以使用在 Heroku 應用程式的 Git URL：

```
language: python
python:
  - 3.7
build:
  ci:
    - shippable_retry pip install -r requirements.txt
    # Create folders for test and code coverage
```

```
        - mkdir -p shippable/testresults
        - mkdir -p shippable/codecoverage
        # run tests
        - pytest
    on_success:
        # my heroku app git urls:
        # http url: https://git.heroku.com/blooming-mountain-58044.git
        # git url: git@heroku.com:blooming-mountain-58044.git
        # use git url not http.
        # change this value to the value of your app.
        - git push git@heroku.com:blooming-mountain-58044.git
```

5. Commit 對程式碼的變更，然後把它們推送到自己的分支倉儲。

◉ 如何做

請依照以下的步驟進行：

1. 登入 Shippable，並選擇 **Enable a Project** 連結：

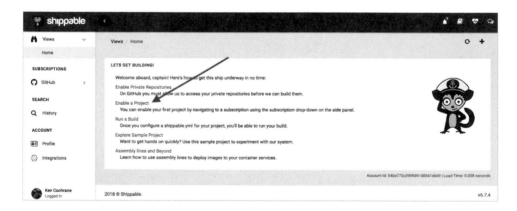

2. 選擇左側的訂閱，它會顯示出所有的倉儲列表，請選擇 **heroku-flask-example** 這個倉儲：

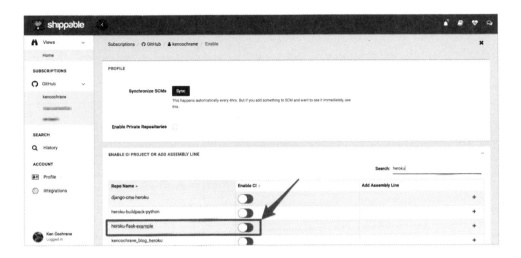

3. 然後選擇一個 Branch 來進行建置，在這個訣竅中，我選擇的是 **master**：

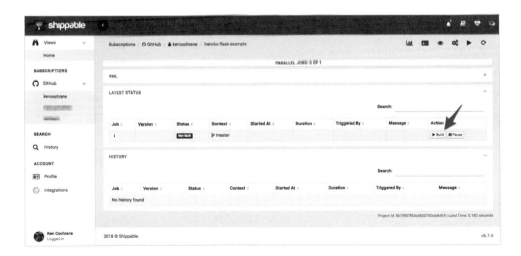

如果建置成功了，將會看到成功的圖示。

下一次，如果在你的倉儲中做了 commit，在 Shippable 上的建置就會被觸發，而且程式碼就會進行測試。現在，為了在 Heroku 上執行

Continuous Deployment，讓我們依照在 Shippable 網站（`http://docs.shippable.com/ci/deploy-to-heroku`）中說明的步驟來進行。Shippable 需要具有變更我們在 Heroku 上應用程式的權限，在此使用新增它的 Leployment SSH key 到我們的 Heroku 帳號中來授權。

4. 請點擊 Shippable 的 dashboard 中的小齒輪圖示取得 deployment key，然後選擇「**Settings**」：

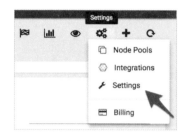

5. 此時在頁面的下端就有一個 **Deployment Key** 的段落，請複製這個 key：

6. 有了這個 key 之後，請前往 Heroku，找到「**Account settings**」：

7. 把畫面往下捲動直到出現 **SSH Keys** 段落，然後點擊「**Add**」按鈕。

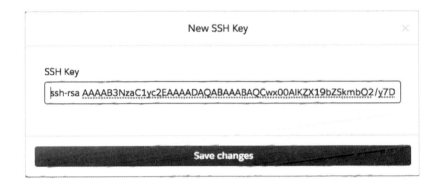

8. 此時會跳出一個視窗讓我們可以輸入剛剛從 Shippable 複製來的 SSH key。請貼上這個 key，然後點擊「**Save changes**」按鈕：

當前面都設定完成之後，以後只要當專案建置成功，Shippable 就可以把變更推送到 Heroku 了。

◉ 如何辦到的

在每一次的建置指令中，Shippable 會根據映像檔產生一個新的容器，然後依照在 shippable.yml 中設定的程式語言型式，執行建置以進行測試。Shippable 知道何時去啟動建置，因為在你把應用程式註冊到 Shippable 時，它會加上一個 webhook 到你的 GitHub 倉儲中：

因此，每一次當有改變並 commit 到 GitHub 時，在 Shippable 上的建置作業就會被觸發，而在建置成功之後就會被部署到 Heroku 去。

◉ 可參閱

在 Shippable 的網站上可以找到詳細的說明文件：

```
http://docs.shippable.com
```

在 TravisCI 中執行 CI/CD

如同在 TravisCI 網站（`https://travis-ci.org`）中所提到的，TravisCI 是一個 hosted Continuous Integration 服務。它可以很容易地設定專案，當你對專案的程式碼做了變更之後，隨即自動化地建置、測試、以及部署。截至目前為止，它們已支援了超過 30 種程式語言，包括 C/C++、Dart、Go、Haskell、Groovy、Java、Node.js、PHP、Python、Ruby、以及 Scala 等等。使用 TravisCI，你可以部署應用程式於 Heroku、Google App Engine、AWS、以及 Azure 等平台上。

本訣竅將使用在前面訣竅中所用過的相同範例。

◉ 備妥

請依照以下的步驟進行前置作業：

1. 登入 TravisCI（`https://travis-cr.org`）

2. 選擇你的 profile，然後設定一個 Respository。在此例中，我們將從 GitHub 中選用和前面訣竅裡使用過的相同倉儲（`https://github.com/hencochrane/heroku-flask-example`）：

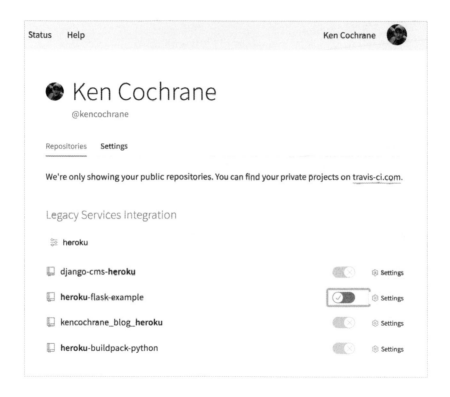

3. 現在需要新增一個 `.travis.yml` 檔案到我們的倉儲中，這裡面有 TravisCI 要建置程式碼所需要的資訊。請建立此檔案，其內容如下所示，將其 commit 並推送到 GitHub 上：

```
$ cat .travis.yml
language: python
python:
    - "3.6"
install:
    - pip install -r requirements.txt
script:
    - pytest
```

◉ 如何做

請依照以下的步驟進行：

1. 按下「**More options**」並選擇「**Trigger build**」以觸發一個手動建置作業，如下圖所示：

2. 如果一切都順利的話，你應該可以看到此次建置結果以及相關的
日誌紀錄：

◉ 如何辦到的

此建置的程序會啟動一個新的容器，複製倉儲中的原始程式碼，然後在測
試容器中執行我們在 `.travis.yml` 這個檔案中的腳本段落裡所指定的指令。

◉ 補充資訊

- TravisCI 也是在 GitHub 中新增了一個 webhook，下次你在倉儲中 commit 變更的時候也可以觸發建置作業。

- TravisCI 也支援 Continuous Deployment 到不同的雲端環境，就像是我們在之前的訣竅中所看到的。要設置這些作業，你需要在 `.travis.yml` 檔案中添加更多的資訊。詳細的資料，請參考 TravisCI 網站關於部署的說明文件（`https://docs/travis-ci.com/user/deployment`）。

◉ 可參閱

TravisCI 的說明文件請參考：

`https://docs.travis-ci.com`

在 OpenShift origin 中設置 PaaS

平台即服務（Platform-as-a-Service, PaaS） 是一種雲端服務的型式，它可以讓使用者控制軟體（大部份是網站伺服應用程式）的發佈，供應商提供伺服器、網路、和其他的服務用來管理這些部署內容。供應商可以是外部的（公開的供應商）或是內部的（組織的 IT 部門）。PaaS 供應商有許多可以選擇，包括 Amazon（`https://aws.amazon.com`）、Heroku（`https://www.heroku.com`）、OpenShift（`https://www.openshift.com`）等等。最近，容器似乎已經成為應用程式需要進行部署時最自然而然的選擇。

在本章稍早，我們檢視了如何使用 Shippable 以及 Heroku 建立一個 CI/CD 的解決方案，在那時使用的就是 Heroku PaaS 來部署 app。Heroku 是一個公開的雲端服務，它架在 **Amazon Web Service（AWS）** 雲端平台上。OpenShift（`https://github.com/openshift/origin`）也是一個 PaaS，它升級了像是 Docker 和 Kubernetes（`https://kubernetes.io`）及其他的技術，

提供一個完整的生態系以服務你的雲端型式 app。我們在第 8 章「*Docker 的作以及組織一個平台*」會討論到 Kubernetes，在開始進入這個訣竅之前，強烈地建議你先去閱讀該部份的資訊。我打算從那一章中借用一些概念到這裡。先來看看以下的圖表：

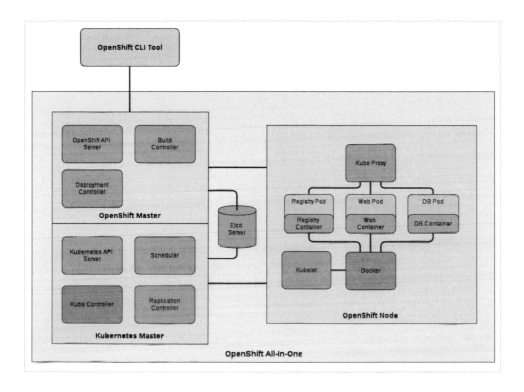

Kubernetes 提供容器叢集管理，其功能包括像是排程 pods（scheduling pods）以及服務探索（service discovery），但是它並沒有完整應用程式的概念，也不能從原始碼去建置以及部署 Docker 映像檔。OpenShift 延伸基礎的 Kubernetes 模型並填滿這些間隙。如果我們先快速地檢閱一下第 8 章「*Docker 的協作以及組織一個平台*」的 Kubernetes 那個段落時，你將會注意到要部署一個 app，需要先定義 Pod、Service、以及 Replication-Controller。OpenShift 試著去抽象化所有的資訊，使得你能夠定義一個系統配置檔案，讓它可以處理所有內部的作業細節。再者，OpenShift 提供其他像是從原始碼自動建置的功能、應用程式的中央管理、授權、團隊以及專案的隔離、以及資源追蹤和限制，所有的這些都是企業在部署時所需要的。

在這個訣竅中，我們將在 VM 上設置 all-in-one OpenShift Origin，然後啟始一個 pod。在下一個訣竅中將會看到如何使用 **Source-to-image（S2I）** 建置功能從原始碼去建置以及部署一個 app。範例可以在 https://github.com/openshift/origin/tree/master/examples/sample-app 中找到。

◉ 備妥

設置 CentOS 7.5 之虛擬機器 VM，最少要準備 4 GB 的記憶體、以及可以透過 SSH 登入進去。

1. 安裝 Docker：

```
$ curl https://get.docker.com | bash
```

2. 為一個 insecure registry 新增項目到 Docker daemon 系統配置檔案 （/etc/docker/daemon.json）：

```
$ cat /etc/docker/daemon.json
{
"insecure-registries": [
"172.30.0.0/16"
]
}
```

3. 啟動 Docker：

```
$ systemctl start docker
```

4. 安裝 wget 套件：

```
$ yum install -y wget
```

5. 在 github 的發行頁面（https://github.com/openshift/origin/releases） 中下載 OpenShift 最新版的二進位檔案：

```
$ cd /tmp
$ wget
https://github.com/openshift/origin/releases/download/v3.10.0/openshift-ori
gin-client-tools-v3.10.0-dd10d17-linux-64bit.tar.gz
```

6. 使用 tar 取出保存檔，然後把 oc 這個二進位檔案搬移到你的路徑
   （/usr/local/bin）中的一個目錄：

```
$ tar -xvzf openshift-origin-client-tools-v3.10.0-dd10d17-
linux-64bit.tar.gz
$ cd openshift-origin-client-tools-v3.10.0-dd10d17-linux-64bit
$ sudo cp oc /usr/local/bin
$ cd ~
```

◉ 如何做

現在我們有一個已經設定好的 VM，它裡面可以執行 Docker 以及
OpenShift 的二進位執行檔，執行 oc 即可啟動我們的 cluster。OpenShift 有
一個網頁控制台可以登入，但為了要可以正確地作業，OpenShift 需要知道
你的 IP 位址。如果你的 VM 超過一個，可能就需要明確地告訴 OpenShift
要用哪一個來啟用 cluster。在這個範例中公開的 IP 位址是 **142.93.14.79**，
你的 IP 應該會和我的不一樣：

```
$ oc cluster up --public-hostname=<your ip>
```

```
$ oc cluster up --public-hostname=142.93.14.79
Getting a Docker client ...
Checking if image openshift/origin-control-plane:v3.10 is available ...
Checking type of volume mount ...
Determining server IP ...
Using public hostname IP 142.93.14.79 as the host IP
Checking if OpenShift is already running ...
Checking for supported Docker version (=>1.22) ...
Checking if insecured registry is configured properly in Docker ...
Checking if required ports are available ...
Checking if OpenShift client is configured properly ...
Checking if image openshift/origin-control-plane:v3.10 is available ...
Starting OpenShift using openshift/origin-control-plane:v3.10 ...
I0816 00:28:00.262155   30376 config.go:42] Running "create-master-config"
```

幾分鐘之後，這個 cluster 就被啟動與運行了，看起來應該會是像這個
樣子：

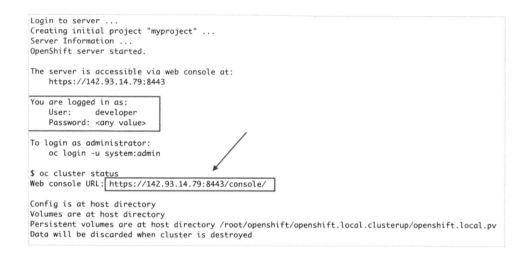

```
Login to server ...
Creating initial project "myproject" ...
Server Information ...
OpenShift server started.

The server is accessible via web console at:
    https://142.93.14.79:8443

You are logged in as:
    User:      developer
    Password: <any value>

To login as administrator:
    oc login -u system:admin

$ oc cluster status
Web console URL: https://142.93.14.79:8443/console/

Config is at host directory
Volumes are at host directory
Persistent volumes are at host directory /root/openshift/openshift.local.clusterup/openshift.local.pv
Data will be discarded when cluster is destroyed
```

此時我們有兩個選擇，可以透過 SSH shell 安裝應用程式，或是使用 web 主
控台。首先使用 web 主控台確定目前的執行是正確的。請在瀏覽器中開啟
web 主控台，然後使用你在啟始 cluster 之時的輸出文字裡面的帳號及密碼
登入此主控台。

 你有可能會在你的瀏覽器中收到一個警告指出 SSL/TLS 憑證不符
合，這不是什麼大問題，可以跳過這個警告訊息並繼續作業。

完成登入之後，接著讓我們來部署範例應用程式。請在 catalog 中點擊
「**Ruby**」圖示：

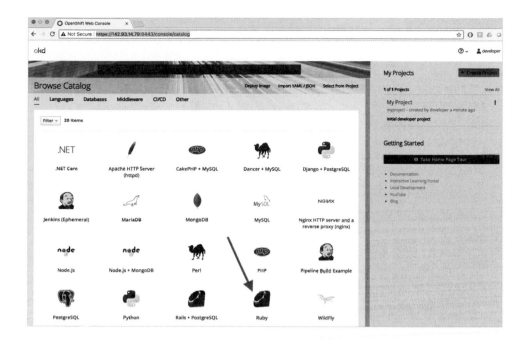

上述的動作會帶出一個精靈，它會幫助我們把應用程式新增到 cluster 中。
請點擊「Next」按鈕：

點擊 **Try Sample Repository** 連結，系統將會幫我們把一些資料填入這個表單，接著請點擊「**Create**」按鈕：

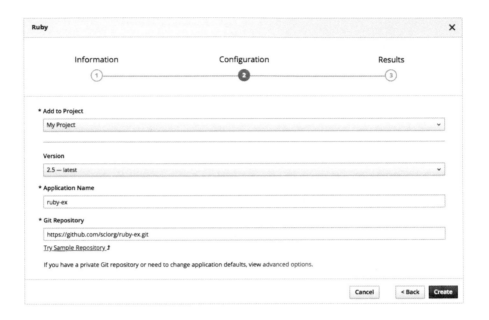

只要幾個步驟，我們的 **ruby-ex** 應用程式就建立完成了。最後點擊「**Close**」按鈕：

現在應該可以看到你的應用程式被列在 web 主控台中了；一旦這個應用程
式啟動以及執行之後，將會看到一個 URL，也就是應用程式順利地執行的
地方：

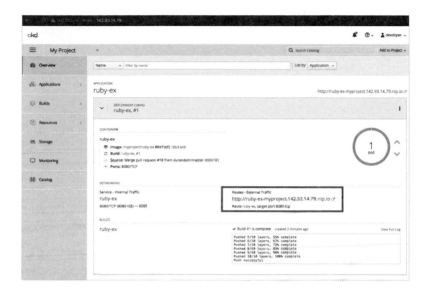

請在瀏覽器中開啟 application URL，就會看到類似下面畫面所示的樣子：

現在已經完成了 Ruby 應用程式的啟動與執行範例了，接下來請把它刪除。接著，雖然是做同樣的事，但這次我們打算使用 SSH shell。在這個應用程式之下，你可以按下「**Actions**」選項，然後選擇「**Delete**」。這個動作可以執行刪除作業：

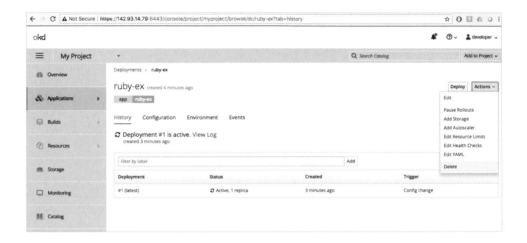

回到 SSH shell，我們來建立一個新的應用程式，但是這次使用的是 oc 二進位執行檔。這個例子將會使用另一個 OpenShift 所提供的內建範例。我們將使用 `django-psql-persistent` 這個範例，它提供了兩個服務，Django 網站服務以及 PostgreSQL 資料庫服務：

經過幾分鐘之後，你的應用程式應該就建立完成了，可以看到如下所示的
輸出畫面：

```
--> Creating resources ...
    secret "django-psql-persistent" created
    service "django-psql-persistent" created
    route "django-psql-persistent" created
    imagestream "django-psql-persistent" created
    buildconfig "django-psql-persistent" created
    deploymentconfig "django-psql-persistent" created
    persistentvolumeclaim "postgresql" created
    service "postgresql" created
    deploymentconfig "postgresql" created
--> Success
    Access your application via route 'django-psql-persistent-myproject.142.93.14.79.nip.io'
    Build scheduled, use 'oc logs -f bc/django-psql-persistent' to track its progress.
    Run 'oc status' to view your app.
```

當執行 **oc status** 指令時，可以看到這個專案的 URL：

```
$ oc status
```

```
$ oc status
In project My Project (myproject) on server https://142.93.14.79:8443

http://django-psql-persistent-myproject.142.93.14.79.nip.io (svc/django-psql-persistent)
  dc/django-psql-persistent deploys istag/django-psql-persistent:latest <-
    bc/django-psql-persistent source builds https://github.com/openshift/django-ex.git on openshift/python:3.6
    deployment #1 deployed 27 seconds ago - 1 pod

svc/postgresql - 172.30.233.156:5432
  dc/postgresql deploys openshift/postgresql:9.6
    deployment #1 deployed about a minute ago - 1 pod
```

當在瀏覽器中開啟這個 URL 時，就可以看到應用程式已經順利地執行了：

```
← → C  ① Not Secure | django-psql-persistent-myproject.142.93.14.79.nip.io        ☆
```

Welcome to your Django application on OpenShift

How to use this example application
For instructions on how to use this application with OpenShift, start by reading the Developer Guide.

Deploying code changes
The source code for this application is available to be forked from the OpenShift GitHub repository. You can configure a webhook in your repository to make OpenShift automatically start a build whenever you push your code:

1. From the Web Console homepage, navigate to your project
2. Click on Browse > Builds
3. Click the link with your BuildConfig name
4. Click the Configuration tab
5. Click the "Copy to clipboard" icon to the right of the "GitHub webhook URL" field
6. Navigate to your repository on GitHub and click on repository settings > webhooks > Add webhook
7. Paste your webhook URL provided by OpenShift
8. Leave the defaults for the remaining fields — that's it!

After you save your webhook, if you refresh your settings page you can see the status of the ping that Github sent to OpenShift to verify it can reach the server.

Note: adding a webhook requires your OpenShift server to be reachable from GitHub.

Working in your local Git repository
If you forked the application from the OpenShift GitHub example, you'll need to manually clone the repository to your local system. Copy the application's source code Git URL and then run:

```
$ git clone <git_url> <directory_to_create>

# Within your project directory
# Commit your changes and push to OpenShift

$ git commit -a -m 'Some commit message'
$ git push
```

Managing your application
Documentation on how to manage your application from the Web Console or Command Line is available at the Developer Guide.

Web Console
You can use the Web Console to view the state of your application components and launch new builds.

Command Line
With the OpenShift command line interface (CLI), you can create applications and manage projects from a terminal.

Development Resources
- OpenShift Documentation
- Openshift Origin GitHub
- Source To Image GitHub
- Getting Started with Python on OpenShift
- Stack Overflow questions for OpenShift
- Git documentation

Request information
```
Server hostname: django-psql-persistent-1-xp2vn
Database server: PostgreSQL (172.30.233.156:5432/default)

Page views: 1
```

當回到 web 主控台時，可以看到剛剛部署的這個應用程式的相關細節：

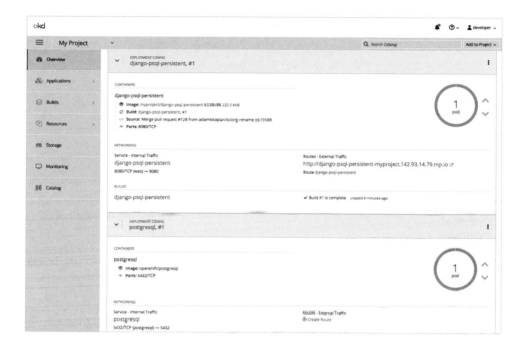

如果想要使用 oc 執行檔刪除這個應用程式，也非常簡單，只需要使用
delete 指令即可：

```
$ oc delete dc/django/psql-persistent
$ oc delete dc/postgresql
```

```
$ oc delete dc/django-psql-persistent
deploymentconfig.apps.openshift.io "django-psql-persistent" deleted
$ oc delete dc/postgresql
deploymentconfig.apps.openshift.io "postgresql" deleted
$
```

⊙ 如何辦到的

當 OpenShift 啟動時，所有的 Kubernetes 服務也跟著一併啟動。接著，我們透過 CLI 連線到 OpenShift master，並要求它啟動一個 pod。此要求會被轉傳到 Kubernetes，也是真正啟動 pod 的地方。OpenShift 的行為就像是你和 Kubernetes 之間的中介人一樣。

⊙ 補充資訊

- 如果執行 `docker container ls` 指令，就可以看到正在執行中的容器。

- 如果想要停止 OpenShift cluster，可以執行以下的指令：

```
$ oc cluster down
```

⊙ 可參閱

- 請參考 https://github.com/openshift/origin 的 **Learn More** 段落。

- OpenShift 的 說 明 文 件 可 以 在 https://docs.okd.io/latest/welcome/index.html 中找到。

在 OpenShift 上從原始碼開始建置並部署 app

OpenShift 提供從原始碼建置成為一個映像檔的建置程序。底下的步驟是可以用來建置映像檔的建置策略（build strategies）：

- **Docker build**：在此，使用者需要提供 Docker context（Dockerfile 以及支援的檔案）用於建置映像檔。OpenShift 只是觸發 docker build 指令去建立出映像檔。

- **Source-to-image（S2I）build**：在此，開發者定義原始碼的倉儲以及 builder 映像檔，它定義了被用來建立 app 的環境。S2I 接著會使用給它的原始程式碼以及 builder 映像檔去建立一個屬於這個 app 的新映像檔。
更多關於 S2I 的詳細說明，可以在這裡找到：

https://github.com/openshift/source-to-image

- **Custom build**：此種方式類似於 Docker build 策略，但是使用者可能會
  自訂要在建置時執行的 builder 映像檔。

在這個訣竅中將會檢視 S2I 的建置程序。我們將會專注在來自於 OpenShift
Origin 倉儲（https://github.com/openshift/origin/tree/master/examples/
sample-app）中提供的 sample-app。相關的 S2I 檔案放在：

https://github.com/openshift/origin/tree/master/examples/sample-app/
application-template-stibuild.json

在 **BuildConfig** 段落中，可以看到原始碼指向一個 GitHub 倉儲（git://
github.com/openshift/ruby-hello-world.git），而這個在 strategy 段落之
下的映像檔指向的是 centos/ruby-22-centos7 映像檔。因此，我們將使用
centos/ruby-22-centos7 映像檔，然後建置一個新的映像檔，而使用的是
來自於 GitHub 倉儲的原始碼。這個新的映像檔在建置之後會被推送到本
地端或是第三方的 Docker registry，端看設定的內容而定。**BuildConfig** 段
落也定義了觸發新建置作業時機的觸發器，例如，當建置映像檔有所變更
的時候。

在相同的 S2I 建置檔案（application-template-stibuild.json）中，你將
會發現多個 DeploymentConfig 段落，每個 pod 都有一個。DeploymentConfig
段落提供的資訊是 exported port、replicas、pod 的環境變數、以及其他的
資訊。簡單地說，你可以把 DeploymentConfig 想成是一個 Kubernetes 的延
伸複製控制器。它也會有觸發到一個新的部署作業的觸發器。每次當一個
新的部署建立的時候，DeploymentConfig 的 latestVersion 欄位就會增加，
deploymentCause 也會被加到 DeploymentConfig 中，用來描述導致上一次部
署的變更。

ImageStream 是相關映像檔的串流。BuildConfig 以及 DeploymentConfig 監看 ImageStream 以找出映像檔的改變，然後依此改變進行回應，基於各自的觸發器。

在 S2I 建置檔案的其他段落是 pods 的服務（資料庫以及前端）、前端服務到 app 存取的路由、以及模板。一個模板（template）是用來描述一組要一起使用的資料，它可以用來自訂及處理以產生一個系統配置。每一個模板可以定義一串參數，它們可以被容器在執行時進行修改。

和 S2I build 類似的，在相同 sample-app 範例資料夾中有一些 Docker 和客製化建置。假設你已經做過了之前的訣竅，所以我們將繼續往下練習。

◉ 備妥

你應該已經完成了先前的「在 OpenShift origin 中設置 PaaS」訣竅。

請確定你的 cluster 現在已經啟動並在執行中：

```
$ oc cluster status
```

從 OpenShift Git 倉儲中複製一份到 /opt/openshift/origin 資料夾：

```
$ mkdir -p /opt/openshift
$ cd /opt/openshift
$ git clone https://github.com/openshift/origin.git
$ cd origin/examples/sample-app
```

目前的工作目錄應該是在 VM 中的 /opt/openshift/origin/examples/sample-app。

◉ 如何做

使用 oc 指令提交用來處理的應用程式模板如下：

```
$ oc new-app application-template-stibuild.json
```

```
$ oc new-app application-template-stibuild.json
--> Deploying template "myproject/ruby-helloworld-sample" for "application-template-stibuild.json" to project myproject

    ruby-helloworld-sample
    ---------
    This example shows how to create a simple ruby application in openshift origin v3

    * With parameters:
       * MYSQL_USER=userQI4 # generated
       * MYSQL_PASSWORD=pjPgVv00 # generated
       * MYSQL_DATABASE=root

--> Creating resources ...
    secret "dbsecret" created
    service "frontend" created
    route "route-edge" created
    imagestream "origin-ruby-sample" created
    imagestream "ruby-22-centos7" created
    buildconfig "ruby-sample-build" created
    deploymentconfig "frontend" created
    service "database" created
    deploymentconfig "database" created
--> Success
    Access your application via route 'www.example.com'
    Build scheduled, use 'oc logs -f bc/ruby-sample-build' to track its progress.
    Run 'oc status' to view your app.
```

監控建置的過程並等待狀態變成 complete（可能會需要幾分鐘的時間）：

$ oc get builds

```
$ oc get builds
NAME                 TYPE     FROM          STATUS     STARTED         DURATION
ruby-sample-build-1  Source   Git@7ccd324   Complete   3 minutes ago   58s
$ ▮
```

取得 pod 列表：

$ oc get pods

```
$ oc get pods
NAME                         READY   STATUS       RESTARTS   AGE
database-1-bxw89             1/1     Running      0          2m
frontend-1-4tm8z            1/1     Running      0          1m
frontend-1-6vbth            1/1     Running      0          1m
ruby-sample-build-1-build   0/1     Completed    0          2m
```

取得服務列表：

$ oc get services

```
$ oc get services
NAME       TYPE        CLUSTER-IP     EXTERNAL-IP   PORT(S)    AGE
database   ClusterIP   172.30.239.31  <none>        5434/TCP   6m
frontend   ClusterIP   172.30.1.2     <none>        5432/TCP   6m
$
```

◉ 如何辦到的

在 BuildConfig（ruby-sample-build）段落中，我們指定來源是 ruby-hello-world Git 倉儲（git://github.com/openshift/ruby-hello-world.git）以及使用的映像檔是 centos/ruby-22-centos7。因此，建置的程序會拿取這個映像檔，而且在 S2I builder 中，一個叫做 origin-ruby-sample 新映像檔會被建立出來，它是從在 centos/ruby-22-centos7 的來源中建置的。新映像檔會被推送到 OpenShift 所內建的 Docker registry 上。

在 DeploymentConfig，前端以及後端的 pod 也會被部署並連結到相對應的服務上。

◉ 補充資訊

在多節點的設置上，你的 pod 可以被排程在不同的系統上。OpenShift 藉由覆疊的網路連接 pod，因此在某一個節點中執行的 pod 也可以被其他節點所存取。這個就叫做 openshift-sdn。更多相關的細節，請參考：

https://docs.openshift.com/container-platform/3.10/architecture/networking/sdn.html

◉ 可參閱

- **Learn More** 段落在：

  https://github.com/openshift/origin

- OpenShift 的說明文件在：

  https://docs.openshift.com

Docker API 和 SDK

本章涵蓋以下主題

- 使用 API 操作映像檔

- 使用 API 建置映像檔

- 使用 API 啟動容器

- 使用 API 進行容器的操作

- Docker remote API client 程式庫探究

- 把 Docker daemon 組態成具備遠端連線能力

- 讓 Docker daemon 的遠端連線具備安全性

簡介

在前一章中，我們已經使用了許多 Docker 指令操作 Docker 映像檔、容器、volume、以及網路。Docker 的特色之一是它令人驚艷的使用者經驗，因為它提供了容易記憶以及結構良好的指令群。只要一個 Docker 指令，就可以打造出非常有用的微服務（microservice）或是工具容器（utility container）。然而，在這些情境的後面，Docker 客戶端轉譯我們的要求到多個 API 呼叫以滿足需求。這些 API 被稱為 Docker Engine API，它們遵循 REST 規範設計。

注意：**REST**（也就是所謂的 **RESTful**）就是 **REpresentational State Transfer**，這是一個利用 HTTP 協定存取網站資料通訊的標準。

Docker Engine API 使用 OpenAPI（也就是之前大家所熟知的 **Swagger**）說明文件格式的規格。因此，可以透過任一種標準的 OpenAPI 編輯器來存取 API 的使用說明。在本書中，我們使用一個叫做 Swagger Editor 的編輯器，它可以從 http://editor.swagger.io 取得；你也可以使用偏好的 OpenAPI 編輯器。Swagger Editor 有「**Try it out**」以及「**Execute**」選項，可以被用來產生具有正確參數的 curl 指令。下圖顯示了在 **Swagger Editor** 中的 Docker engine API 說明文件：

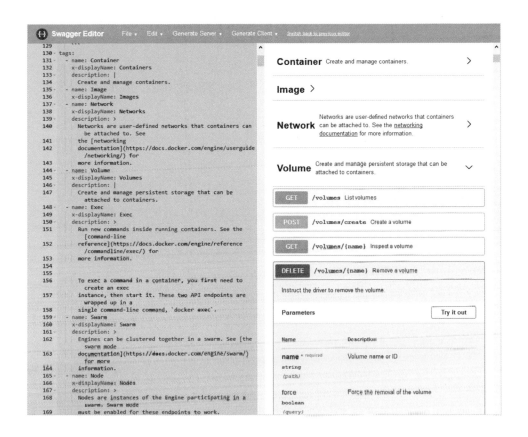

在此，我們從 swagger.yaml 檔案產生了 Docker Engine API 說明文件，此檔案可以在 https://docs.docker.com/engine/api/v1.35/swagger.yaml 中取得。當然，你也可以參考目前正在進行中的版本：https://raw.githubusercontent.com/moby/moby/master/api/swagger.yaml。

在預設的情況下，Docker engine 會監聽 /var/run/docker.sock，也就是 Unix domain socket，以和它的客戶端進行通訊。Unix domain socket，也就是大家所熟知的 Unix 的程序間通訊 socket，它是主機中一個可靠的通訊。此外，/var/run/docker.sock 要是 root 使用者以及 docker 群組才具有讀寫權限；因此，客戶應用程式必須具備 root 權限，或是屬於 docker 群組的成員。此外對於 Unix socket，Docker daemon 還支援了兩種 socket：

- `fd:`：Systemd 的 socket activation。在像是 Systemd-based 的系統如 Ubuntu 16.04，Docker daemon 會在 `fd` socket 中監聽，在內部使用 systemd 的 socket activation 特色對應到 Unix socket `/var/run/docker.sock`。

- `tcp`：針對遠端的連線能力。在「把 *Docker daemon* 組態成具備遠端連線能力」這個訣竅中，我們將會設定 Docker daemon 的組態使其可以接受來自於客戶端的未加密連線，而在「讓 *Docker daemon* 的遠端連線具備安全性」訣竅中，我們將會設定組態，令 Docker daemon 使用安全的通訊。

Docker 也提供 Python 和 Go 程式語言的 **軟體開發工具（Software Development Kits, SDKs）**。這些 SDK 在內部使用的是 Docker engine REST API。在這些標準的 SDK 之外，還有許多社群所支援的 API 繫結到其他的程式語言。其中的一些 API 連結列在 `https://docs.docker.com/develop/sdk/#unofficial-libraries`。然而，這些程式庫並沒有被 Docker 測試過。

我們將會在本章中使用兩個工具，分別是 `curl` 和 `jq`：

- `curl` 是用來傳遞資料的命令列工具。我們將使用 `curl` 連結 Docker daemon。請確認你執行的是 `curl 7.40` 或更新的版本，因為 `curl` 在 `7.40` 之後才開始支援 Unix socket。你可以在它們的官方網站中找到更多關於 `curl` 的細節：`https://curl.haxx.se/`。

- `jq` 是一個用來處理 JSON 資料的命令列工具。我們使用 `jq` 去操作從 Docker daemon 所取得的資料。你可以在它的官方網站中找到關於 `jq` 的細節：`https://stedolan.github.io/jq/`。

 我們在這章中使用 Ubuntu 16.04 以及 Docker 17.10，主要是因為和 Ubuntu 18.04 一起發行的 curl 指令有一點問題。如果你選擇繼續使用 Ubuntu 18.04 和 Docker 18.03，你可以在 Docker API 端點（`http://bug/version`）的前面加上任意文字來解決。

在本章中的所有訣竅均假設 Docker 已經正確安裝且處於執行狀態。

使用 API 操作映像檔

如同前面所提到的，Docker 在內部使用 Docker engine API 以滿足所有容器化的需求。在這訣竅中將會使用 curl 指令以及 Docker engine API 在 Docker 映像檔上進行各種的操作。

◉ 如何做

在此訣竅中將會檢視一些映像檔的操作如下：

1. 使用以下的 API 列出映像檔：

   GET **/images/json** List Images

   底下是使用前述語法的範例：

```
$ curl -s --unix-socket /var/run/docker.sock http:/images/json | jq "."
[
  {
    "Containers": -1,
    "Created": 1509747018,
    "Id": "sha256:053cde6e8953ebd834df8f6382e68be83adb39bfc063e40b0fc61b4b333938f1",
    "Labels":       ,
    "ParentId": "",
    "RepoDigests": [
      "alpine@sha256:d6bfc3baf615dc9618209a8d607ba2a8103d9c8a405b3bd8741d88b4bef36478"
    ],
    "RepoTags": [
      "alpine:latest"
    ],
    "SharedSize": -1,
    "Size": 3965917,
    "VirtualSize": 3965917
  }
]
```

2. 你可以透過從任一 registry 中提取或是使用 tar 檔案來建立映像檔，以下是可用的 API：

   POST **/images/create** Create an image

/images/create API 還支援一些用來操作映像檔的參數，如下所示：

Name	Description
fromImage string (query)	Name of the image to pull. The name may include a tag or digest. This parameter may only be used when pulling an image. The pull is cancelled if the HTTP connection is closed.
fromSrc string (query)	Source to import. The value may be a URL from which the image can be retrieved or – to read the image from the request body. This parameter may only be used when importing an image.
repo string (query)	Repository name given to an image when it is imported. The repo may include a tag. This parameter may only be used when importing an image.
tag string (query)	Tag or digest. If empty when pulling an image, this causes all tags for the given image to be pulled.

現在，讓我們來看一些應用的例子：

3. 從 Docker Hub 取得 cookbook/apache2 映像檔：

```
$ curl -X POST \
--unix-socket /var/run/docker.sock \
http:/images/create?fromImage=cookbook/apache2
```

4. 使用 latest 標籤取得 WordPress 映像檔：

```
$ curl -X POST --unix-socket /var/run/docker.sock \
> http:/images/create?fromImage=wordpress\&tag=latest
```

5. 使用 tar 檔案建立一個映像檔：

```
$ curl -i -X POST \
> -H "Content-Type: application/octet-stream" \
> --data-binary "@myimage.tar" \
> --unix-socket /var/run/docker.sock \
> http:/images/create?fromSrc=-\&repo=myimage
HTTP/1.1 100 Continue

HTTP/1.1 200 OK
Api-Version: 1.33
Content-Type: application/json
Docker-Experimental: false
Ostype: linux
Server: Docker/17.10.0-ce (linux)
Date: Mon, 06 Nov 2017 05:02:48 GMT
Transfer-Encoding: chunked

{"status":"sha256:7fc0dc205e957c46cc51fbbb848f722b1db775b9c1662c02f093f477e2697b59"}
```

在這個例子中，我們選擇使用 curl 的 --data-binary 選項上傳來自於 Docker host 的 tar 檔案形式映像檔。在此，myimage.tar 的內容透過 HTTP 訊息內容（message body）傳送到 Docker daemon。如果你仔細地看 curl 指令的呼叫，將會發現 -i 參數。我們使用 curl 指令的 -i 參數取得 HTTP 的標頭資訊。

如果要刪除映像檔，可以使用以下的 API：

```
DELETE  /images/{name} Remove an image
```

以下是使用上述語法的例子：

```
$ curl -X DELETE \
    --unix-socket /var/run/docker.sock \
    http:/images/wordpress:latest
```

⊙ 如何辦到的

在這個訣竅中使用 curl 指令在 Docker 映像檔上執行了許多操作。curl 指令傳送我們的 API 要求到 Docker daemon 作為透過 HTTP 協定的 REST API 請求。Docker daemon，在另一方面，將會在這個映像檔上執行這些請求的作業並回應執行之後的狀態。

◉ 補充資訊

在這個訣竅中，我們只涵蓋了 3 個和 Docker 映像檔操作相關的 API，但是其實還有很多。在下圖中列出了所有可用的 /images API：

◉ 可參閱

每一個 API 的末端都有不同的輸入可以控制操作。更詳細的資訊，請參考在 Docker 網站上的說明文件：

https://docs.docker.com/engine/api/latest/

使用 API 建置映像檔　■■■

在前一個訣竅中探討了一些在 Docker 映像檔上使用 API 所進行的操作。
在這個訣竅中將透過 /build API 來建置 Docker 映像檔。以下是從 Swagger
Editor 中擷取下來的 /build API 片段：

> **POST** /build Build an image
>
> Build an image from a tar archive with a Dockerfile in it.
> The Dockerfile specifies how the image is built from the tar archive. It
> is typically in the archive's root, but can be at a different path or have a
> different name by specifying the dockerfile parameter. See the
> Dockerfile reference for more information.
> The Docker daemon performs a preliminary validation of the Dockerfile
> before starting the build, and returns an error if the syntax is incorrect.
> After that, each instruction is run one-by-one until the ID of the new image
> is output.
> The build is canceled if the client drops the connection by quitting or
> being killed.

◉ 如何做

1. 請從複製 https://github.com/docker-cookbook/apache2 倉儲開始，如
   下所示：

   ```
   $ git clone https://github.com/docker-cookbook/apache2
   ```

   這個倉儲包括了用來綁定 apache2 服務的 Dockerfile；以下即為
   Dockerfile 的內容：

   ```
    1 FROM alpine:3.6
    2
    3 LABEL maintainer="Jeeva S. Chelladhurai <sjeeva@gmail.com>"
    4
    5 RUN apk add --no-cache apache2 && \
    6     mkdir -p /run/apache2 && \
    7     echo "<html><h1>Docker Cookbook</h1></html>" > \
    8         /var/www/localhost/htdocs/index.html
    9
   10 EXPOSE 80
   11
   12 ENTRYPOINT ["/usr/sbin/httpd", "-D", "FOREGROUND"]
   ```

2. 讓我們把複製下來的 apache2 倉儲內容轉換成一個 tar 檔案，建立一個建置上下文（build context），如下所示：

```
$ cd apache2
$ tar cvf /tmp/apache2.tar *
```

3. 接下來使用 /build API 建置 Docker 映像檔：

```
$ curl -X POST \
    -H "Content-Type:application/tar" \
    --data-binary '@/tmp/apache2.tar' \
    --unix-socket /var/run/docker.sock \
    http:/build
```

當建置程序在進行中時，你將會接收到一系列 JSON 格式的日誌訊息。一旦建置成功之後，將會收到像是以下這樣的 JSON 訊息：

```
{"stream":"Successfully built 3c6f5044386d\n"}
```

上面這個 JSON 訊息中，3c6f5044386d 是我們剛剛使用 /build API 所建立出來的映像檔 ID。

◉ 如何辦到的

在這個訣竅中綁定一個 tar 檔案作為 build context，然後把它傳送給 Docker engine 作為 /build API 呼叫的一部份。Docker engine 使用這個 build context 以及在 build context 中的 Dockerfile 檔案建置 Docker 映像檔。

◉ 補充資訊

1. 在這個訣竅中並沒有指定任何倉儲或是標籤名稱，因此，這個 image 建立的時候就沒有任何的倉儲或是標記名稱，如下所示：

```
    $ curl -s --unix-socket /var/run/docker.sock \
            http:/images/json | jq ".[0].RepoTags"
[
  "<none>:<none>"
]
```

當然，你現在可以使用 /image/{name}/tag API 標記上適當的倉儲以及
標籤名稱。底下是來自於 Swagger 編輯器的說明文件片段：

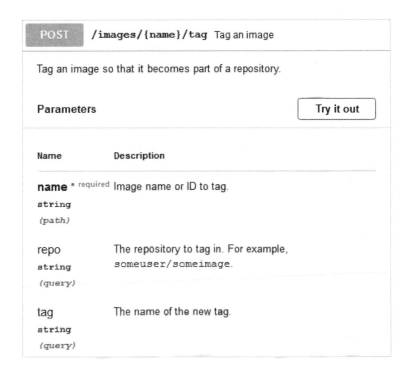

另外你也可以在建置時把映像檔和倉儲名稱寫在一起，只要使用 t 參
數，如下所示：

```
$ curl -X POST \
  -H "Content-Type:application/tar" \
  --data-binary '@/tmp/apache2.tar' \
  --unix-socket /var/run/docker.sock \
  http:/build?t=apache2:usingapi
```

標籤名稱可以選擇加或不加，如果沒有指定標籤名稱，Docker build
engine 將會假設標籤是 latest。

2. 你也可以使用以下的 API，從容器中來建立映像檔：

> `POST` **/commit** Create a new image from a container

底下是從 ID 是 **4aaec8980c43** 的這個容器，把它 commit 成映像檔的範例：

```
$ curl -X POST --unix-socket /var/run/docker.sock \
> http:/commit?container=4aaec8980c43
{"Id":"sha256:792f4e9f7a9b5667175530af02c4d2342ee63f1209476acfd50ee9eac0239794"}
```

◉ 可參閱

每一個 API 末端都可以有一個不同的輸入以控制操作項目。更多的細節，請瀏覽在 Docker 網站上的說明文件：

`https://docs.docker.com/engine/api/latest`

使用 API 啟動容器

在第 2 章「操作 *Docker* 容器」中，「啟動容器」這個訣竅裡面，有系統地說明了執行容器的幾種方法。在許多情境中，我們使用 `docker container run` 指令以及一些選項，然後容器就可以被順利地啟動與執行了。然而，在這些情境的背後，Docker CLI 要讓這些操作變得可行，首先要使用 `/create` API 建立一個容器層，然後以 `/start` API 啟動這個應用程式（`cmd`），下圖清楚的描述了這個流程：

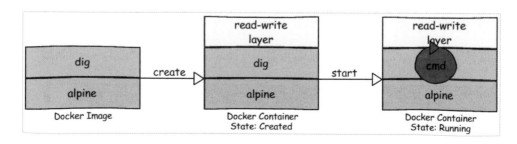

在 /create 以及 /start API 之外，Docker CLI 也使用像是 /attach 以及 /wait 這兩個 API 以滿足我們的要求。在這個訣竅中將建立一個 alpine 容器，然後執行一個簡單的 ls 指令以展示透過 Docker engine API 啟動容器的步驟。

◎ 如何做

1. 我們從建立一個來自於 alpine 映像檔的容器開始，如下所示：

```
$ curl -i -X POST -H "Content-Type: application/json" \
> -d '{"Image": "alpine", "Cmd": ["ls"], "AttachStderr": true, "AttachStdout": true}' \
> --unix-socket /var/run/docker.sock  \
> http:/containers/create
HTTP/1.1 201 Created
Api-Version: 1.33
Content-Type: application/json
Docker-Experimental: false
Ostype: linux
Server: Docker/17.10.0-ce (linux)
Date: Tue, 14 Nov 2017 17:42:28 GMT
Content-Length: 90

{"Id":"f9fd4b2e2040d4dea32deb527889bf2fb95b351d8316a4c74bfb6e2e38c9b499","Warnings":null}
```

在此，使用 curl 指令的 -d 選項傳遞 JSON 格式之容器配置資料到 Docker engine。很明顯地，映像檔是 alpine，而在容器啟動之後要執行的指令是 ls。此外，我們也要求 Docker engine 附加 STDERR 以及 STDOUT 到這個容器，如此就可以取得來自於 ls 指令的輸出。

HTTP 標頭回應碼是 201 Created，表示容器是被正確地建立了。顯然地，來自於 Docker engine 的回應資料也是使用 JSON 格式。傳回來的 JSON 資料中的 ID 欄位就是啟動的容器之 container ID，在此是 f9fd 4b2e2040d4dea32deb527889bf2fb95b351d8316a4c74bfb6e2e38c9b499。通常我們使用的都是它的精簡版本，f9fd4b2e2040，來對這個容器做進一步的操作。

2. 因為我們想要取得 ls 指令的輸出，所以使用 /attach API 去附加這個容器：

```
$ curl -X POST --unix-socket /var/run/docker.sock \
> http:/containers/f9fd4b2e2040/attach?stderr=1\&stdout=1\&stream=1 &
```

/attach API 如果在呼叫的時候附加上了 stderr、stdout、以及 stream 時會把客戶端（也就是 curl）暫停住，因此我們把 curl 這個指令放在背景執行。

3. 現在，使用 /start API 啟動容器，如下所示：

```
$ curl -X POST --unix-socket /var/run/docker.sock \
> http:/containers/f9fd4b2e2040/start
$       Fbin
dev
etc
home
lib
media
mnt
proc
root
run
sbin
srv
sys
tmp
usr
var
```

很酷，是吧！在此我們透過 Docker engine API 模擬了 docker container run 指令。

◎ 如何辦到的

在這個訣竅中，我們使用了 3 個 Docker engine API 成功地啟動容器。在後端，Docker engine 接收了來自於客戶端的 API 呼叫，代替客戶端使用 /container/create API 呼叫建立容器，然後使用 /containers/attach API 呼叫取得 HTTP stream，最後在容器的命名空間中使用 /containers/start API 呼叫執行 ls 指令。

⊙ 補充資訊

底下是和容器生命週期有關的 API 列表：

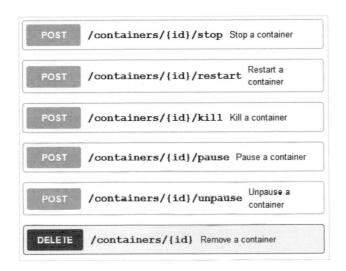

⊙ 可參閱

每一個 API 末端可以有不同的輸入進行控制操作。更多詳細的資訊，請參考在 Docker 網站上的說明文件：

https://docs.docker.com/engine/api/latest/

 ## 使用 API 進行容器的操作 ∎∎∎

在前一個訣竅中，我們使用 /create、/attach、以及 /start API 啟動容器並在其中執行了一個指令。在這個訣竅中將要在這個容器上執行更多的操作。

⊙ 如何做

在這個訣竅中，我們將來看看一些容器的操作：

1. 要列出容器,請使用以下的 API:

> **GET** **/containers/json** List containers

以下是一些使用範例:

- 要取得所有執行中的容器,方法如下:

```
$ curl --unix-socket /var/run/docker.sock \
    http:/containers/json
```

- 要取得包括停止中的以及執行中的容器,方法如下:

```
$ curl --unix-socket /var/run/docker.sock \
    http:/containers/json?all=1
```

2. 要觀察某一個容器,請使用以下的 API:

> **GET** **/containers/{id}/json** Inspect a container

以下的例子用來觀察 ID 是 **591ab8ac2650** 的這個容器:

```
$ curl --unix-socket /var/run/docker.sock \
    http:/containers/591ab8ac2650/json
```

3. 要取得在容器中的處理程序列表,請使用以下的 API:

> **GET** **/containers/{id}/top** List processes running inside a container

以下示範如何在 ID 是 **591ab8ac2650** 的這個容器中列出處理程序:

```
$ curl --unix-socket /var/run/docker.sock \
http:/containers/591ab8ac2650/top
```

4. 要取得容器所使用的資源之統計資料，請使用以下的 API：

| GET | /containers/{id}/stats | Get container stats based on resource usage |

以下的例子為取得 ID 為 **591ab8ac2650** 容器的資源利用統計資料：

```
$ curl --unix-socket /var/run/docker.sock \
http:/containers/591ab8ac2650/stats
```

在預設的情況下，API 會串流資源使用的統計資料。然而你也可以使用以下的方式加上 **stream** 參數把這個功能取消，如下所示：

```
$ curl --unix-socket /var/run/docker.sock \
http:/containers/591ab8ac2650/stats?stream=0
```

◎ 如何辦到的

當我們使用在這個訣竅中介紹的 API 連線到 Docker engine 時，Docker engine 會輪流從它的資料來源收集相關的資訊，然後把它們傳送給客戶端。

◎ 可參閱

每一個 API 的末端都有不同的輸入可以用來控制操作。更詳細的資訊，請參考在 Docker 網站上的說明文件：

https://docs.docker.com/engine/api/latest/

 # Docker remote API client 程式庫探究 ▪▪▪

在前面的訣竅中，我們探討了 Docker 所提供的，用來連線以及在 Docker daemon 上執行操作的 API。Docker 也提供 Python 和 Go 語言的 Software Development Kit （軟體開發工具，SDK）。

在這個訣竅中，我們就來看看 python SDK 的一些使用範例。

◉ 備妥

- 請確保 python3 已經完成安裝。

- ubuntu 16.04 有可能並沒有 pip3，請使用以下的指令安裝 pip3：

```
$ sudo apt-get -y install python3-pip
```

◉ 如何做

1. 我們先使用 pip3 來安裝 python 所需要的 docker 套件：

```
$ sudo pip3 install docker
```

2. 然後，執行 python3，並匯入 docker 以及 json 套件，如下所示：

```
$ python3
Python 3.5.2 (default, Sep 14 2017, 22:51:06)
[GCC 5.4.0 20160609] on linux
Type "help", "copyright", "credits" or "license" for more information.
>>> import docker
>>> import json
```

3. 在匯入了 docker 以及 json 套件之後，再來是使用 UNIX socket，
   unix://var/run/docker.sock 連線到 Docker daemon，再來是使用
   docker.DockerClient，經由 UNIX socket，unix://var/run/docker.
   sock，連線到 Docker daemon，如下所示：

```
>>> client = docker.DockerClient(base_url='unix://var/run/docker.sock')
```

在此，base_url 是 Docker daemon 的連線位址。

4. 接著使用如下所示的程式指令以列出 Docker daemon 的版本：

```
>>> print(json.dumps(client.version(), indent=2))
{
  "GoVersion": "go1.8.3",
  "Version": "17.10.0-ce",
  "ApiVersion": "1.33",
  "GitCommit": "f4ffd25",
  "KernelVersion": "4.4.0-98-generic",
  "Arch": "amd64",
  "BuildTime": "2017-10-17T19:02:56.000000000+00:00",
  "MinAPIVersion": "1.12",
  "Os": "linux"
}
```

在此，`client.version()` 會從 Docker 伺服器取得 json 格式的版本資訊，我們可以使用 `json.dump()` 函數把剛剛取得的 json 格式資訊以美觀的方式印出來。

5. 接著我們再多寫一些程式碼用來列出所有執行中的容器，使用的是 `client.containers.list()` 指令，如下所示：

```
>>> for item in client.containers.list():
...   print(item.short_id, item.name, item.image)
...
458b8add4a youthful_wescoff <Image: 'cookbook/apache2:latest'>
62c814650f optimistic_lamport <Image: 'alpine:latest'>
```

正如你所看到的，目前有兩個執行中的容器，分別是 458b8add4a 以及 62c814650f。

6. 最後，使用 `client.conatiners.run()` 函數執行一個容器，如下所示：

```
>>> client.containers.run('alpine', 'echo hello world')
b'hello world\n'
```

◉ 如何辦到的

在所有前面的例子中，Docker 模組將會轉譯我們的要求到適當的 Docker engine API，把它包裝成 RESTful 訊息，然後把它轉送到 Docker daemon。

◉ 可參閱

你可以在這個網頁中找到解說詳盡的 Python SDK 文件：

https://docker-py.readthedocs.io/en/stable

把 Docker daemon 組態成具備遠端連線能力

在前面的訣竅中，我們使用 Unix socket（/var/run/docker.sock）來和 Docker engine 溝通。就如同之前提到的，在預設的情況下，dockerd 會監聽 Unix socket /var/run/docker.sock。然而，存取 Unix socket 只限於本地端系統。有許多的情況是你需要遠端存取 Docker daemon。你可以藉由使用 tcp socket 把 Docker daemon 組態成具有監聽遠端連線的能力。在這個訣竅中將會對 Docker daemon 進行組態設定，使其具備遠端 API 連線功能。

◉ 如何做

1. 首先，讓我們使用 systemctl 指令來找到 Docker service 的 Systemd unit 檔案，如下所示：

```
$ sudo systemctl docker status | grep Loaded
   Loaded: loaded (/lib/systemd/system/docker.service; enabled; vendor
preset: enabled)
```

很顯然地，/lib/systemd/system/docker.service 是 Docker service 的 unit 檔案。在此，預設的 Docker service 之 unit 檔案的內容如下所示：

```
$ cat /lib/systemd/system/docker.service
[Unit]
Description=Docker Application Container Engine
Documentation=https://docs.docker.com
After=network-online.target docker.socket firewalld.service
Wants=network-online.target
Requires=docker.socket

[Service]
Type=notify
# the default is not to use systemd for cgroups because the delegate issues still
# exists and systemd currently does not support the cgroup feature set required
# for containers run by docker
ExecStart=/usr/bin/dockerd -H fd://
ExecReload=/bin/kill -s HUP $MAINPID
LimitNOFILE=1048576
# Having non-zero Limit*s causes performance problems due to accounting overhead
# in the kernel. We recommend using cgroups to do container-local accounting.
LimitNPROC=infinity
LimitCORE=infinity
# Uncomment TasksMax if your systemd version supports it.
# Only systemd 226 and above support this version.
TasksMax=infinity
TimeoutStartSec=0
# set delegate yes so that systemd does not reset the cgroups of docker containers
Delegate=yes
# kill only the docker process, not all processes in the cgroup
KillMode=process
# restart the docker process if it exits prematurely
Restart=on-failure
StartLimitBurst=3
StartLimitInterval=60s

[Install]
WantedBy=multi-user.target
```

就如同你所看到的，在 unit 檔案中的 ExecStart 是被用來設定啟動 dockerd（Docker daemon）以 fd:// 作為指令監聽 socket 的地方。

2. 繼續組態 dockerd 使其可接受來自於遠端系統的連線，只要在它的後面加上 -H tcp://0.0.0.0:2375 就可以了，如下所示：

```
ExecStart=/usr/bin/dockerd -H fd:// -H tcp://0.0.0.0:2375
```

在此，IP 位址 0.0.0.0 是一個萬用位址，它把此服務附加到 Docker host 上所有 IPv4 的位址。連接埠 2375，是一個用來進行明文（未加密）通訊的使用慣例。

3. 在修改了 Docker service 的 unit 檔案設定之後，需要手動重新載入這些變更，如下所示：

```
$ sudo systemctl daemon-reload
```

4. 在重啟 Docker service 之後，dockerd daemon 已經可以監聽來自於外面世界的通訊了：

```
$ sudo systemctl restart docker
```

5. 現在，我們可以從任一具備網路連線能力且可以連線到 Docker host 的系統去連線到 Docker Engine API。為了展現遠端的連線能力，首先使用我們最喜歡的 curl 指令去取得 Docker server 的版本，如下所示：

```
$ curl -s http://192.168.33.101:2375/version | jq "."
{
  "Version": "17.10.0-ce",
  "ApiVersion": "1.33",
  "MinAPIVersion": "1.12",
  "GitCommit": "f4ffd25",
  "GoVersion": "go1.8.3",
  "Os": "linux",
  "Arch": "amd64",
  "KernelVersion": "4.4.0-98-generic",
  "BuildTime": "2017-10-17T19:02:56.000000000+00:00"
}
```

底下所展示的使用 Docker client 所具備的遠端連線能力：

```
C:\>docker -H tcp://192.168.33.101:2375 version
Client:
 Version:       17.03.0-ce
 API version:   1.26
 Go version:    go1.7.5
 Git commit:    60ccb22
 Built:         Thu Mar  2 01:11:00 2017
 OS/Arch:       windows/amd64

Server:
 Version:       17.10.0-ce
 API version:   1.33 (minimum version 1.12)
 Go version:    go1.8.3
 Git commit:    f4ffd25
 Built:         Tue Oct 17 19:02:56 2017
 OS/Arch:       linux/amd64
 Experimental:  false
```

很明顯地，在上述的展示中，客戶端所使用的是 Windows，而伺服器則是在 Linux 上執行。

◉ 如何辦到的

在前面的指令中，我們組態了 Docker daemon 以讓它在 Docker host 上的所有可以用的網路介面上，在 TCP 連接埠 2375 上監聽客戶端的連接。有了這樣的組態變更，客戶端可以在 Docker host 上使用任意的網路介面以對 Docker daemon 進行連線。

◉ 補充資訊

- 在這個訣竅中，我們組態了 Docker daemon，使其可以使用明文或是未加密的傳輸層來進行和遠端的客戶端進行連線。此外，Docker daemon 可以接收來自於任一具備網路連線能力的系統之訊息。因為 Docker 是以 root 的權限執行的，如此會形成很嚴重的安全危機。因此，使用這樣的方式來進行遠端連線只能在一個受限制的網路中進行。否則，就要使用 **Transport Layer Security（TLS）**建立在 Docker daemon 和客戶端之間的安全連線通道，此點會在此章的稍後加以說明。

- 早先，我們使用 docker 指令的 -H 選項以指令遠端 Docker daemon 的位址。當我們要對遠端的 Docker engine 執行多個指令時這樣就顯得不太合理。在這種情形下，我們可以透過環境變數，DOCKER_HOST，來設定遠端位址，如下所示：

```
$ export DOCKER_HOST=tcp://dockerhost.example.com:2375
```

一旦我們組態了此環境變數 DOCKER_HOST，則 Docker 客戶端將會使用這個位址來傳送我們的要求。在此階段中接下來所有的 docker 指令在預設的情況下就都會前往這個遠端的 Docker Host。

⊙ 可參閱

在 Docker 的網站上可以找到詳細的說明文件：

https://docs.docker.com/engine/reference/commandline/dockerd/#daemon-socket-option

 ## 讓 Docker daemon 的遠端連線具備安全性

在本章的前面看到了如何去組態 Docker daemon 可以接受遠端連線。然而，這個方法任何人都可以連線到 Docker daemon。我們可以透過 Transport Layer Security（http://en.wikipedia.org/wiki/Transport_Layer_Security）讓連線變安全。

我們可以使用已存在的 **Certificate Authority（CA）** 或是建立一個自己的 CA 來組態 TLS。為了簡單起見，在此將建立一個自己的，當然此種方法並不推薦用在產品上。在這個例子中，假設 Docker daemon 所執行的主機是 dockerhost.example.com。

⊙ 備妥

請確認 openssl 程式庫是否已安裝完成。

⊙ 如何做

1. 在你的主機上建立用來存放 CA 以及相關檔案用的目錄：

```
$ mkdir -p /etc/docker/keys
$ cd /etc/docker/keys
```

2. 建立 CA 的 private key 以及 public keys：

```
$ openssl genrsa -aes256 -out ca-key.pem 4096
$ openssl req -new -x509 -days 365 -key ca-key.pem \
-sha256 -out ca.pem
```

```
root@dockerhost:/etc/docker/keys# openssl genrsa -aes256 -out ca-key.pem 4096
Generating RSA private key, 4096 bit long modulus
.................................................++
.......................................................................
.......................................................................
.......................................................................
.................................................++
e is 65537 (0x10001)
Enter pass phrase for ca-key.pem:
Verifying - Enter pass phrase for ca-key.pem:
root@dockerhost:/etc/docker/keys# openssl req -new -x509 -days 365 -key ca-key.pem -sha256 -out ca.pem
Enter pass phrase for ca-key.pem:
You are about to be asked to enter information that will be incorporated
into your certificate request.
What you are about to enter is what is called a Distinguished Name or a DN.
There are quite a few fields but you can leave some blank
For some fields there will be a default value,
If you enter '.', the field will be left blank.
-----
Country Name (2 letter code) [AU]:IN
State or Province Name (full name) [Some-State]:Karnataka
Locality Name (eg, city) []:Bangalore
Organization Name (eg, company) [Internet Widgits Pty Ltd]:Example Inc
Organizational Unit Name (eg, section) []:
Common Name (e.g. server FQDN or YOUR name) []:dockerhost.example.com
Email Address []:jeeva@example.com
```

3. 現在，建立一個 server key 以及 certificate signing request。請確定名稱符合 Docker daemon 系統的 hostname。在此例中是 docker.example.com：

```
$ openssl genrsa -out server-key.pem 4096
$ openssl req -subj "/CN=dockerhost.example.com" \
            -new -key server-key.pem -out server.csr
```

```
root@dockerhost:/etc/docker/keys# openssl genrsa -out server-key.pem 4096
Generating RSA private key, 4096 bit long modulus
...........++
.........++
e is 65537 (0x10001)
root@dockerhost:/etc/docker/keys# openssl req -subj "/CN=dockerhost.example.com" \
> -new -key server-key.pem -out server.csr
```

4. 客戶端可以使用 Docker host 的 DNS 名稱或是 IP 位址連線到 Docker daemon。因此，DNS 名稱以及 IP 位址必須被放在憑證中作為一個延伸。此外，加上 Docker daemon key 的延伸使用屬性只會被用在伺服器的驗證上。所有這些資訊都要被放在 extfile.cnf 中，如下所示：

```
root@dockerhost:/etc/docker/keys# echo subjectAltName = \
> DNS:dockerhost.example.com,IP:192.168.33.101,IP:10.0.2.15,IP:127.0.0.1 > extfile.cnf
root@dockerhost:/etc/docker/keys# echo extendedKeyUsage = serverAuth >> extfile.cnf
```

在此，192.168.33.101 以及 10.0.2.15 是兩個網路介面的 IP 位址，而 127.0.0.1 則是 loopback 位址。

5. 接著開始產生這些 key：

```
$ openssl x509 -req -days 365 -sha256 -in server.csr \
        -CA ca.pem -CAkey ca-key.pem -CAcreateserial \
        -out server-cert.pem -extfile extfile.cnf
```

```
root@dockerhost:/etc/docker/keys# openssl x509 -req -days 365 -sha256 -in server.csr \
> -CA ca.pem -CAkey ca-key.pem -CAcreateserial -out server-cert.pem -extfile extfile.cnf
Signature ok
subject=/CN=dockerhost.example.com
Getting CA Private Key
Enter pass phrase for ca-key.pem:
```

6. 為了客戶端的驗證，要建立一個 client key 以及 certificate signing request：

```
$ openssl genrsa -out key.pem 4096
$ openssl req -subj '/CN=client' -new -key key.pem \
        -out client.csr
```

```
root@dockerhost:/etc/docker/keys# openssl genrsa -out key.pem 4096
Generating RSA private key, 4096 bit long modulus
...........................++
......................................................................++
e is 65537 (0x10001)
root@dockerhost:/etc/docker/keys# openssl req -subj '/CN=client' -new -key key.pem -out client.csr
```

7. 為了建立適合的客戶端驗證的 key，要建立一個延伸組態檔案以及使用
public key 簽章：

```
$ echo extendedKeyUsage = clientAuth > client-extfile.cnf
$ openssl x509 -req -days 365 -sha256 -in client.csr \
                -CA ca.pem -CAkey ca-key.pem -CAcreateserial \
                -out cert.pem -extfile client-extfile.cnf
```

```
root@dockerhost:/etc/docker/keys# echo extendedKeyUsage = clientAuth > client-extfile.cnf
root@dockerhost:/etc/docker/keys# openssl x509 -req -days 365 -sha256 -in client.csr \
> -CAkey ca-key.pem -CAcreateserial -out cert.pem -extfile client-extfile.cnf
Signature ok
subject=/CN=client
Getting CA Private Key
Enter pass phrase for ca-key.pem:
```

8. 在建立了 cert.pem 以及 server-cert.pem 之後，即可安全地移除兩個
certificate signing requests：

```
$ rm -rf client.csr server.csr
```

9. 為了保護這些 key 以避免意外的損壞，要移除這些 key 檔的寫入權
限：ca-key.pem、key.pem、以及 server-key.pem。再者，也讓這些檔
案只留下 root 的讀取權限：

```
$ chmod 0400 ca-key.pem key.pem server-key.pem
```

憑證檔案 ca.pem、server-cert.pem 以及 cert.pem 需要更廣泛的讀取操
作，因此對這些檔案進行以下的存取權限設定：

```
$ chmod 0444 ca.pem server-cert.pem cert.pem
```

10. 如果 daemon 正在 **dockerhost.example.com** 上執行的話，請使用 **systemctl stop docker** 指令停止它。接著，從 **/ect/docker/keys** 手動啟動 Docker daemon：

```
$ dockerd --tlsverify \
        --tlscacert=ca.pem \
        --tlscert=server-cert.pem \
        --tlskey=server-key.pem \
        -H=0.0.0.0:2376
```

11. 從另一個終端機，前往 **/etc/docker/keys**。請執行以下的指令以連接到 Docker daemon：

```
$ cd /etc/docker/keys
$ docker --tlsverify \
   --tlscacert=ca.pem \
   --tlscert=cert.pem \
   --tlskey=key.pem \
   -H=127.0.0.1:2376 version
```

此時 Docker 客戶端就可以無縫地使用 TLS 連接到 Docker daemon，並取得伺服器的版本資訊。

◉ 如何辦到的

一旦我們組態了 Docker daemon 使用 TLS 做為傳輸通道，它就只能夠接受來自於客戶端的 TLS 連線，然後滿足客戶端的要求。

◉ 補充資訊

在這個訣竅中，我們使用 docker 指令的 --tlscacert、--tlscert 以及 --tlskey 選項去連線具有 TLS 功能的 Docker daemon。呼叫 docker 指令時使用這麼長的指令參數相當地愚蠢。然而，可以使用以下的步驟來解決這個問題：

1. 把 ca.pem、cert.pem、以及 key.pem 這些檔案複製到使用者的家目錄 $HOME/.docker 中。

2. 使用 chown 指令修改這些檔案的擁有權給使用者：

3. 設定 DOCKER_HOST 這個環境變數到 daemon 的位址，如下：

```
$ export DOCKER_HOST=tcp://127.0.0.1:2376
```

4. 把 DOCKER_TLS_VERIFY 設為 1，如下：

```
$ export DOCKER_TLS_VERIFY=1
```

如果你是在 Unix socket 上執行，請執行 docker 指令。

在這個訣竅中，我們從 shell prompt 中執行 Docker daemon，這是一個很好的測試。然而，Docker daemon 必須要使用 Systemd 啟動。你可以藉由修改 Docker 服務的 unit 檔案來達成這個目的，如同在「把 *Docker daemon* 組態成具備遠端連線能力」這個訣竅中的提要，除了如下所示的，在 ExecStart 中的不同之處：

```
ExecStart=/usr/bin/dockerd \
          --tlsverify \
          --tlscacert=/etc/docker/keys/ca.pem \
          --tlscert=/etc/docker/keys/server-cert.pem \
          --tlskey=/etc/docker/keys/server-key.pem \
          -H=0.0.0.0:2376
```

在此，我們把一個指令分成許多行以方便閱讀，但在 unit 檔案中它們必須是放在同一行才行。

- 使用 curl 指令可以安全地連線到 TLS-enabled Docker daemon，方法如下：

```
$ curl --cacert ${HOME}/.docker/ca.pem \
--cert ${HOME}/.docker/cert.pem \
--key ${HOME}/.docker/key.pem \
https://127.0.0.1:2376/version
```

◉ 可參閱

在 Docker 的網站上可以找到詳細的說明文件：

https://docs.docker.com/engine/security/https/

Docker 效能

本章涵蓋以下主題

- CPU 效能基準評測

- 磁碟效能基準評測

- 網路效能基準評測

- 使用 stats 功能取得容器的資源利用狀態

- 設置效能監控機制

簡介

在第 3 章「*操作 Docker 映像檔*」中，我們了解了 Dockerfiles 可以被使用於建立映像檔，而建立出來的映像檔是由不同的服務 / 軟體所組成。之後，在第 4 章「*容器的網路與資料管理*」中，我們看到了一個 Docker 容器可以和外界的資料和網路進行溝通。在第 5 章「*應用案例*」中，我們仔細檢視了 Docker 的使用案例，以及在第 6 章「*Docker API 和 SDK*」中，我們探討如何使用遠端 API 以連線到遠端的 Docker 主機。

使用上的便利是很好的，但是，在我們開始要進入產品化的時候，效能就是一個非常需要考慮的關鍵因素。本章將會討論效能影響因素的 Docker 功能，以及如何可以對於不同的子系統進行評量。當在進行效能評估時，我們需要把 Docker 的效能拿來和以下的對象進行比較：

- 實體機

- 虛擬機

- 在虛擬機中執行 Docker

本章將先鎖定在那些你可以跟著做的效能評估方法，而不是從執行中去收集效能數據以進行比較。我將會比較不同公司所做的效能讓讀者參考。

首先來看看一些 Docker 效能的影響因素：

- **Volumes**：當放到任一企業等級的工作量時，會想要根據每一個情況去調整最低的儲存使用量。你不應該使用 Docker 用的 primary/root 檔案系統儲存資料。Docker 提供一個機能可以讓外界的儲存裝置透過 volume 附加 / 掛載到 Docker 上。就如同在第 4 章「*容器的網路與資料管理*」中看到的，volume 有以下兩種：

- 在主機中使用「-volume」選項所掛載的 volume。

- 從另外一個容器中使用「-volume-from」選項所掛載的 volume。

- **Storage drivers**：我們在第 1 章「**簡介與安裝**」中檢視了不同的儲存系統，分別是 vfs、aufs、btrfs、zfs、devicemapper、以及 overlayFS。你可以查看目前支援的儲存裝置以及它們在 Docker 啟動的時候如果沒有設定的話之優先順序，網址為：

  https://github.com/moby/moby/blob/master/daemon/graphdriver/
  driver_linux.go

  如果你執行的是 Fedora、CentOS、或是 RHEL，那麼 device mapper 將會是預設的儲存檔案系統。你可以在 https://github.com/moby/moby/
  tree/master/daemon/graphdriver/devmapper 中找到一些 device mapper 專用的調整方式。

  你可以使用 -s 選項變更 Docker daemon 的預設儲存檔案系統。也可以更新以 Linux 發佈版本特定的組態 / 系統檔案以讓服務在重啟時進行這些變更。對於 Fedora/RHEL/CentOS 而言，你將會需要更新 /etc/
  docker/daemon.json 中的 *storage-driver* 欄位——透過如下的設定，可以改為使用 btrfs 作為後端。

  ```
  "storage-driver": "btrfs"
  ```

底下的圖表顯示使用不同的儲存檔案系統，啟始和停止 1,000 個容器所花費的時間：

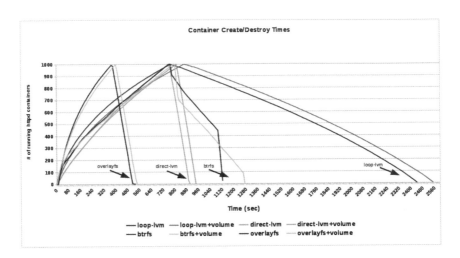

如你所看到的，overlayFS 的效能是所有儲存裝置中最好的。

- --net=host：在預設的情況下，Docker 會建立一個橋接網路，然後從該橋接網路取得 IP 給容器使用。使用「--net=host」藉由略過為容器建立網路命名空間把網路堆疊曝露給容器。從這個測試中可以看到，此種方式較橋接的方式能有更好的效能。

  這一點有一些限制，例如不能有兩個容器或主機應用程式監聽相同的連接埠。

- cgroups：Docker 的預設執行驅動器，libcontainer，呈現不同的 cgroups 可調值，它可以被用來微調容器的效能。其中一些如下所示：

  - **CPU 分享**：使用此種方法，可以給予容器不同的權重比率，讓資源可以被共享。在預設的情況下，所有的容器可以平均得到 CPU 的計算週期。要修改 1024 的預設比率，使用「-c」或是「--cpu-shares」旗標去設定權重為 2 或是更高。此比例只會被套用到執行的是 CPU-intensive 程序。當工作在某一個容器中是閒置的，其他的容器可以使用剩下的 CPU 時間。請參考以下的例子：

```
$ docker container run -it -c 100 alpine ash
```

- **CPUsets**：使用 CPUSets 可以限制容器只能被執行在選定的 CPU
  核心裡。例如，以下的指令碼將只會把在一個容器中的線程
  （thread）執行在第 0 個和第 3 個核心：

```
$ docker container run -it --cpuset=0,3 alpine ash
```

- **Memory 限制**：可以用來設定容器的記憶體限制。例如，底下的指令
  會限制一個容器只能使用 512 MB 的記憶體：

```
$ docker container run -it -m 512M alpine ash
```

- **sysctl 和 ulimit 設定**：在某些例子中，可能要根據使用情況去改變 sysclt
  的值以取得最佳化的執行效能，像是改變開啟檔案的數目等。你可以改
  變 ulimit 設定，如下面的指令所示：

```
$ docker container run -it --ulimit data=8192 alpine ash
```

前面的指令是容器專用的設定。我們也可以從 Docker daemon 的組態
檔中進行一些設定，這些設定內容將會作為套用到所有容器預設值。例
如，檢視 Docker 的組態檔，將會在 /etc/docker/daemon.json 中看到一
些如下所示的內容：

```
{
    "default-ulimits": {
        "nofile": "1048576",
        "nproc": "1048576",
        "core": "-1"
    }
}
```

你可以放心地依照使用情況來修改其中的內容。如果你使用的是 Docker
for Mac 或是 Docker for Windows，則可以從它們的 preference 選項中進
行變更。

你可以藉由前輩們分享的資訊，學習到關於 Docker 的效能。以下是一些其他公司所發布和 Docker 效能相關的研究：

- Red Hat 所發表的：

  - Performance Analysis of Docker on Red Hat Enterprise Linux:

    - https://developers.redhat.com/blog/2014/08/19/performance-analysis-docker-red-hat-enterprise-linux-7

    - https://github.com/redhat-performance/docker-performance

  - Comprehensive Overview of Storage Scalability in Docker:

    - https://developers.redhat.com/blog/2014/09/30/overview-storage-scalability-docker/

  - Beyond Microbenchmarks – breakthrough container performance with Tesla efficiency:

    - https://developers.redhat.com/blog/2014/10/21/beyond-microbenchmarks-breakthrough-container-performance-with-tesla-efficiency/

  - Containerizing Databases with Red Hat Enterprise Linux:

    - http://rhelblog.redhat.com/2014/10/29/containerizing-databases-with-red-hat-enterprise-linux/

- IBM 所發表的：

  - An Updated Performance Comparison of Virtual Machines and Linux Containers:

    - http://domino.research.ibm.com/library/cyberdig.nsf/papers/0929052195DD819C85257D2300681E7B/$File/rc25482.pdf

    - https://github.com/thewmf/kvm-docker-comparison

- VMware 所發表的：

  ▪ Docker Containers Performance in VMware vSphere:

    · http://blogs.vmware.com/performance/2014/10/docker-containers-performance-vmware-vsphere.html

要進行這些基準評測（benchmarking），需要在不同的環境（裸機 /VM/ Docker）執行相似的工作量，然後收集不同效能狀態的結果。為了讓事情簡單一些，我們可以編寫一個通用的、可在不同環境中執行的基準評測腳本。也可以建立一個 Dockerfile 去產生容器，並在容器中包含有工作量的生產程式腳本（generation scripts）。例如，在 Performance Analysis of Docker on Red Hat Enterprise Linux 這篇文章（https://github.com/redhat-performance/docker-performance/blob/master/Dockerfiles/Dockerfile）中，作者使用一個 Dockerfile 建立一個 CentOS 映像檔，然後透過容器環境變數為基準評測腳本 run-sysbench.sh 選擇 Docker 和非 Docker 環境。

同樣地，IBM 也發佈了 Dockerfile 以及相關的腳本，它們可以在 https://github.com/thewmf/kvm-docker-comparison 中取得。

我們將使用其中一些前面提到過的 Docker 檔案以及腳本應用在本章的訣竅中。

 # CPU 效能基準評測

我們可以使用像是 Linpack（http://www.netlib.org/linpack/）以及 sysbench（https://github.com/nuodb/sysbench）這類效能基準評測程式去評量 CPU 的效能。在本訣竅中將使用 sysbench。我們將會看到如何在裸機以及在容器中執行一個基準評測程式。類似的步驟也可以在之前所提到過的其他環境中執行。

◉ 備妥

我們將會使用 CentOS 7 容器，在容器中執行基準評測。理想上，應該在裸機上安裝 CentOS 7 系統以取得基準評測結果。對於容器測試而言，首先從之前曾經參考過的 Git 倉儲中建立一個映像檔如下：

```
$ git clone https://github.com/redhat-performance/docker-performance.
git
$ cd docker-performance/Dockerfiles/
$ docker image build -t c7perf --rm .
$ docker image ls
REPOSITORY        TAG        IMAGE ID        CREATED          SIZE
c7perf            latest     59a10df39a82    1 minute ago     678.3 MB
```

◉ 如何做

在同一個 Git 倉儲中，我們有一個執行 sysbench 的腳本，也就是 docker-performance/bench/sysbench/run-sysbench.sh。這個腳本裡有一些組態設定可以依照你的需求修改：

1. 以 root 使用者在主機上建立一個 /results 目錄：

   ```
   $ mkdir -p /results
   ```

   現在，把容器環境變數設定為 Docker 以外的地方，然後執行這個 benchmark，我們使用在主機上建立的 c7perf 映像檔，請執行以下的指令：

   ```
   $ cd docker-performance/bench/sysbench
   $ export container=no
   $ sh ./run-sysbench.sh cpu test1
   ```

   如果你執行的作業系統不是 CentOS 的話，可能會需要手動地安裝 sysbench，然後用比較不一樣的方式來執行這個腳本。例如，底下是在 Ubuntu 18.04 上執行這個腳本的步驟：

```
$ apt-get install sysbench
$ cd docker-performance/bench/sysbench
$ export container=no
$ bash ./run-sysbench.sh cpu test1
```

執行的結果預設是被收集在 /results 資料夾下。請確定你有這個目錄的寫入權限，或在 benchmark 腳本中改變 OUTDIR 參數：

```
$ cd docker-performance/bench/sysbench/
$ export container=no
$ sh ./run-sysbench.sh cpu test1
Database storage directories do not exist; creating /root/data and /root/log
which: no sysbench in (/usr/local/sbin:/usr/local/bin:/usr/sbin:/usr/bin:/root/bin)
sysbench not installed...installing
2018-08-08_10_35_39 running sysbench cpu test for 10 samples
$ █
```

2. 要在容器中執行 benchmark，需要先啟動容器，然後才能執行 benchmark 腳本：

```
$ mkdir -p /results_container
$ docker container run -it -v /results_container:/results
c7perf bash
# /root/docker-performance/bench/sysbench/run-sysbench.sh cpu
test1
```

在 /results 容器中掛載主機目錄 /results_container 之後，執行的結果就會被收集到主機中：

```
$ mkdir -p /results_container
$ docker container run -it -v /results_container:/results c7perf bash
[root@952287d98cf0 /]# /root/docker-performance/bench/sysbench/run-sysbench.sh cpu test1
Running in a container
Database storage directories do not exist; creating /root/data and /root/log
which: no sysbench in (/usr/local/sbin:/usr/local/bin:/usr/sbin:/usr/bin:/sbin:/bin)
sysbench not installed...installing
2018-08-08_10_41_51 running sysbench cpu test for 10 samples
[root@952287d98cf0 /]# █
```

3. 前述的測試在 Fedora/RHEL/CentOS 上執行時，如果在 SELinux 啟用的
情況下，你將會得到一個 Permission denied error。要解決這個問題，請
在容器中進行掛載時，使用以下的指令建立一個受信任的目錄：

```
$ docker container run -it -v /results_container:/results:z
c7perf bash
```

另一種方式則是讓 SELinux 變成是 permissive mode：

```
$ setenforce 0
```

然後，在測試之後再把 permissive mode 恢復成原來的樣子：

```
$ setenforce 1
```

參考第 9 章「*Docker 安全性*」中有關於 SELinux 更多的訊息。

◉ 如何辦到的

基準評測的腳本裡面是把我們給的資料拿去呼叫 sysbench 的 CPU
benchmark。CPU 的基準測試是使用 Euklid 演算法進行 64 位元整數質數計
算。每一個 run 執行的結果會被收集在相對應的結果目錄中，如此就可以
拿來做比較。

◉ 補充資訊

比較之後，裸機和 Docker 在 CPU 的效能上幾乎沒有什麼差別。

◉ 可參閱

請檢視本章之前所列出的連結參考中，在 IBM 和 VMware 中使用 Linpack
所公佈的基準評測結果。

磁碟效能基準評測

有許多工具像是 Iozone（http://www.iozone.org）、smallfile（https://github.com/bengland2/smallfile）、以及 Flexible IO（https://github.com/axboe/fio），都是可以用來進行磁碟基準評測的工具。在這個訣竅中，我們將會使用 FIO。為了使用這個工具，需要寫一個 job 檔案用來模仿想要執行的工作負載。使用這個 job 檔案，我們可以對標的對象模擬工作負載。在此，我們使用的是 IBM 所公佈的（https://github.com/thewmf/kvm-docker-comparison/tree/master/fio），從基準評測結果所得到的 FIO 範例。

◉ 備妥

在裸機/VM/Docker 容器中，安裝 FIO 並掛載上磁碟，在磁碟中包含了放在 /ferrari 目錄底下用來測試的檔案系統或是任何在 FIO job 檔案中有提及的資料。在裸機上，可以在本地掛載；在 VM 上，你可以使用虛擬磁碟機或是執行一個 device pass-through 來掛載。在 Docker 中，則是可以從主機上使用 Docker volume 附加上檔案系統。

工作負載檔案的準備，在此選用的是：

https://github.com/thewmf/kvm-docker-comparison/blob/master/fio/mixed.fio

```
$ curl -o mixed.fio
https://raw.githubusercontent.com/thewmf/kvm-docker-comparison/master/f
io/mixed.fio
$ cat mixed.fio
[global]
ioengine=libaio
direct=1
size=16g
group_reporting
thread
filename=/ferrari/fio-test-file

[mixed-random-rw-32x8]
```

```
stonewall
rw=randrw
rwmixread=70
bs=4K
iodepth=32
numjobs=8
runtime=60
```

 這個訣竅只能在 Linux 上執行；但只要做些修改就可以使用在 Docker for Mac 或是 Docker for Windows 上。

使用前面準備好的 job 檔案，可以在 4K block size 的設定下，於 /ferrari/fio-test-file 中對一個 16 GB 的檔案以 libaio 驅動器進行隨機直接 IO（random direct IO）。I/O 的深度是 32，而平行作業的數目是 8。這是一個混合的工作負載，其中包括 70% 的讀取與 30% 的寫入操作。

◉ 如何做

請依照以下的步驟進行：

1. 對於裸機和 VM 的測試，你只要執行 FIO job 檔案並收集結果即可：

```
$ fio mixed.fio
```

2. 對於 Docker 的測試，你可以準備如下的 Dockerfile 檔案：

```
FROM ubuntu:18.04
RUN apt-get update
RUN apt-get -qq install -y fio
ADD mixed.fio /
VOLUME ["/ferrari"]
ENTRYPOINT ["fio"]
```

3. 現在，使用以下的指令建立一個映像檔：

```
$ docker image build -t docker_fio_perf .
```

4. 使用底下的指令啟動容器，以執行基準評測並收集結果，如下圖所示：

```
$ docker container run --rm -v /ferrari:/ferrari
docker_fio_perf mixed.fio
```

```
$ docker container run --rm -v /ferrari:/ferrari docker_fio_perf mixed.fio
mixed-random-rw-32x8: (g=0): rw=randrw, bs=(R) 4096B-4096B, (W) 4096B-4096B, (T) 4096B-4096B, ioengine=
libaio, iodepth=32
...
fio-3.1
Starting 8 threads
mixed-random-rw-32x8: Laying out IO file (1 file / 16384MiB)

mixed-random-rw-32x8: (groupid=0, jobs=8): err= 0: pid=7: Wed Aug  8 10:54:42 2018
   read: IOPS=23.5k, BW=91.8MiB/s (96.2MB/s)(5508MiB/60012msec)
    slat (usec): min=7, max=14273, avg=91.60, stdev=259.49
    clat (usec): min=38, max=274434, avg=4975.32, stdev=4584.72
     lat (usec): min=138, max=274446, avg=5073.54, stdev=4599.43
    clat percentiles (usec):
     |  1.00th=[   388],  5.00th=[   758], 10.00th=[  1156], 20.00th=[  2024],
     | 30.00th=[  2737], 40.00th=[  3326], 50.00th=[  3982], 60.00th=[  4752],
     | 70.00th=[  5735], 80.00th=[  7177], 90.00th=[  9896], 95.00th=[ 12518],
     | 99.00th=[ 18744], 99.50th=[ 21627], 99.90th=[ 28181], 99.95th=[ 32637],
     | 99.99th=[162530]
    bw (  KiB/s): min= 5632, max=14572, per=12.53%, avg=11776.25, stdev=1292.93, samples=960
    iops        : min= 1408, max= 3643, avg=2943.78, stdev=323.23, samples=960
  write: IOPS=10.1k, BW=39.3MiB/s (41.3MB/s)(2361MiB/60012msec)
    slat (usec): min=8, max=16443, avg=98.83, stdev=272.90
    clat (usec): min=948, max=287056, avg=13403.57, stdev=7529.17
     lat (usec): min=1646, max=287073, avg=13509.01, stdev=7530.30
    clat percentiles (msec):
     |  1.00th=[    4],  5.00th=[    6], 10.00th=[    7], 20.00th=[    9],
     | 30.00th=[   11], 40.00th=[   12], 50.00th=[   13], 60.00th=[   14],
     | 70.00th=[   16], 80.00th=[   18], 90.00th=[   21], 95.00th=[   24],
     | 99.00th=[   31], 99.50th=[   35], 99.90th=[   52], 99.95th=[  161],
     | 99.99th=[  271]
    bw (  KiB/s): min= 2372, max= 6478, per=12.53%, avg=5047.76, stdev=562.62, samples=960
    iops        : min=  593, max= 1619, avg=1261.66, stdev=140.61, samples=960
  lat (usec)   : 50=0.01%, 100=0.01%, 250=0.16%, 500=1.24%, 750=2.02%
  lat (usec)   : 1000=2.18%
  lat (msec)   : 2=8.22%, 4=21.70%, 10=36.69%, 20=23.90%, 50=3.83%
  lat (msec)   : 100=0.02%, 250=0.02%, 500=0.01%
  cpu          : usr=1.77%, sys=16.80%, ctx=615374, majf=0, minf=16
  IO depths    : 1=0.1%, 2=0.1%, 4=0.1%, 8=0.1%, 16=0.1%, 32=100.0%, >=64=0.0%
     submit    : 0=0.0%, 4=100.0%, 8=0.0%, 16=0.0%, 32=0.0%, 64=0.0%, >=64=0.0%
     complete  : 0=0.0%, 4=100.0%, 8=0.0%, 16=0.0%, 32=0.1%, 64=0.0%, >=64=0.0%
     issued rwt: total=1409956,604451,0, short=0,0,0, dropped=0,0,0
     latency   : target=0, window=0, percentile=100.00%, depth=32

Run status group 0 (all jobs):
   READ: bw=91.8MiB/s (96.2MB/s), 91.8MiB/s-91.8MiB/s (96.2MB/s-96.2MB/s), io=5508MiB (5775MB), run=600
12-60012msec
  WRITE: bw=39.3MiB/s (41.3MB/s), 39.3MiB/s-39.3MiB/s (41.3MB/s-41.3MB/s), io=2361MiB (2476MB), run=600
12-60012msec

Disk stats (read/write):
  vda: ios=1407090/603042, merge=7/1, ticks=3403275/6502504, in_queue=9924890, util=100.00%
```

5. 當在 Fedora/RHEL/CentOS 上執行前述的測試時，如果 SELinux 是開
   啟的，你將會遇到 Permission denied error。修正這個問題的方式就是
   在容器中掛載的時候，使用下列的指令重訂主機目錄的標籤：

```
$ docker container run --rm -v /ferrari:/ferrari:z
docker_fio_perf mixed.fio
```

◉ 如何辦到的

FIO 會依據我們給它的 job 檔案執行這些工作負載，然後產出結果。

◉ 補充資訊

一旦收集到結果，就可以比較這些結果。你甚至可以使用這個 job 檔案試
試用不同種類的 I/O 樣式取得想要的結果。在檢視這些結果時要檢查一些
項目，列示如下：

- **iops**：每秒鐘輸入與輸出作業操作數量，這個數值愈高愈好。

  - **bandwidth（bw）**：資料傳輸速率，位元速率，或稱作吞吐量
    （throughput），這個數值也是愈高愈好。

- **Latency（lat）**：資料送出到完成接收的時間，這個數值愈小愈好。

◉ 可參閱

請檢視 IBM 和 VMware 使用 FIO 在本章前面所參考的連結中，所發佈的磁
碟基準評測結果。

網路效能基準評測 ■ ■ ■

網路，是考慮是否要把應用程式部署在容器環境中的關鍵因素之一。要進行裸機、VM、以及容器的效能比較，需要考慮以下幾種不同的情境：

- 裸機到裸機

- VM 到 VM

- Docker 容器到容器，使用預設的網路連線模式（bridge）

- Docker 容器到容器，使用主機網路（--net=host）

- 在 VM 中執行的 Docker 容器到外界網路

在前述任一情境中，我們選取兩個端點執行基準測試。可以使用像是 nuttcp（`http://www.nuttcp.net`）以及 netperf（`https://github.com/HewlettPackard/netperf`）工具分別測量網路頻寬以及 request/response（請求 / 回應）。

◉ 備妥

請確認兩點間可以互相連線得到，而且已經安裝了必要的套件及軟體。如果使用的是 Ubuntu，可以使用以下的指令安裝 nuttcp 以及 netperf：

```
$ sudo apt-get install -y nuttcp netperf
```

◉ 如何做

若要使用 nuttcp 量測網路頻寬，請依照以下的步驟執行：

1. 在其中一個端點啟動 nuttcp 伺服器：

```
$ nuttcp -S
```

2. 在客戶端使用如下所示的指令量測傳輸吞吐量（從客戶端到伺服器），
   會出現類似下圖所示的樣子：

```
$ nuttcp -t <SERVER_IP>
```

```
$ nuttcp -t 10.136.105.137
2106.5195 MB /  10.02 sec = 1763.9495 Mbps 6 %TX 12 %RX 0 retrans 0.71 msRTT
```

3. 在客戶端使用以下的指令量測接收者的吞吐量（從伺服器到客戶端），
   會出現類似下圖所示的樣子：

```
$ nuttcp -r <SERVER_IP>
```

```
$ nuttcp -r 10.136.105.137
2407.4069 MB /  10.02 sec = 2016.1828 Mbps 6 %TX 10 %RX 0 retrans 0.66 msRTT
```

4. 如果要使用 netperf 執行 request/reponse 基準評測，請依照下列的步驟
   執行指令：

   • 在其中一個端點啟動 netserver，如下：

   ```
   $ netserver
   ```

   netserver 在安裝的時候會自動啟用。如果 netserver 已在執
   行中，而你又要執行這個指令，可能會得到一個錯誤，內容是
   Unable to start netserver with IN(6)ADDR_ANY port 12865 and
   family AF_UNSPEC。沒有關係，它只是告訴你已經在執行中了。如
   要確定是否真的在執行中，可以使用 ps -ef | grep netserver。

- 從另一個端點連接到 server，然後執行 request/response 測試，請參
考如下圖所輸出的內容：

- 測試 TCP：

```
$ netperf  -H 172.17.0.6 -t TCP_RR
```

```
$ netperf -H 10.136.105.137 -t TCP_RR
MIGRATED TCP REQUEST/RESPONSE TEST from 0.0.0.0 (0.0.0.0) port 0 AF_INET to 10.136.105.137 () port 0 AF_INET : demo : first burst 0
Local /Remote
Socket Size  Request  Resp.  Elapsed  Trans.
Send   Recv  Size     Size   Time     Rate
bytes  Bytes bytes    bytes  secs.    per sec

16384  87380 1        1      10.00    3896.22
16384  87380
```

- 測試 UDP：

```
$ netperf  -H 172.17.0.6 -t UDP_RR
```

```
$ netperf -H 10.136.105.137 -t UDP_RR
MIGRATED UDP REQUEST/RESPONSE TEST from 0.0.0.0 (0.0.0.0) port 0 AF_INET to 10.136.105.137 () port 0 AF_INET : demo : first burst 0
Local /Remote
Socket Size  Request  Resp.  Elapsed  Trans.
Send   Recv  Size     Size   Time     Rate
bytes  Bytes bytes    bytes  secs.    per sec

212992 212992 1       1      10.00    4144.82
212992 212992
```

◉ 如何辦到的

在前面提到的兩個例子中，其中一個端點作為客戶端送出 request 到另一個
端點上的 server。

◉ 補充資訊

我們可以為每一個不同的情境收集基準測試資料並比較它們。netperf 也可
以拿來進行吞吐量測試。

◉ 可參閱

請檢視 IBM 和 VMware 在本章前面所列出的連結中，所發佈的網路基準評
測結果。

使用 stats 功能取得容器的資源利用狀態

Docker 有一個功能可以很簡單地取得它所管理的容器之資源使用情形。底下的訣竅將說明如何使用這個功能。

◉ 備妥

你需要一個 Docker host 可以用來透過 Docker 客戶端進行存取。當然也需要啟動容器來取得狀態資料。

◉ 如何做

請依照以下的步驟進行：

1. 請執行以下的指令去取得其中一個或是多個容器的 stats：

```
$ docker stats [OPTIONS] [CONTAINERS]
```

假設有兩個容器，分別叫做 some-mysql 以及 backstabbing_turing，執行以下的指令以取得如下圖中所顯示的 stats：

```
$ docker stats some-mysql backstabbing_turing
```

```
CONTAINER             CPU %        MEM USAGE/LIMIT        MEM %      NET I/O
backstabbing_turing   0.00%        4.191 MiB/62.84 GiB    0.01%      2.502 KiB/648 B
some-mysql            0.06%        232.1 MiB/62.84 GiB    0.36%      648 B/648 B
```

◉ 如何辦到的

Docker daemon 會從 cgroups 以及 serves 中透過 API 取得資源資訊。

◉ 可參閱

請參考 Docker stats 的說明文件：

https://docs.docker.com/engine/reference/commandline/stats/

設置效能監控機制

SNMP、Nagios 等工具可以監控裸機、VM 的效能。同樣地，有許多的工具 / 外掛可以用來監控容器的效能，像是 cAdvisor（`https://github.com/google/cadvisor`）以及 Prometheus（`https://prometheus.io`）。在此將說明如何設定 cAdvisor 的組態。

◉ 備妥

請依照以下的步驟設置 cAdvisor：

- 執行 cAdvisor 最簡單的方式是執行它的 Docker 容器，如下面這個指令所示：

```
$ sudo docker container run \
    --volume=/:/rootfs:ro \
    --volume=/var/run:/var/run:rw \
    --volume=/sys:/sys:ro \
    --volume=/var/lib/docker/:/var/lib/docker:ro \
    --publish=8080:8080 \
    --detach=true \
    --name=cadvisor \
    google/cadvisor:latest
```

- 如果你想要在 Docker 外面執行 cAdvisor，那麼請參考在 cAdvisor 首頁中的教學：

`https://github.com/google/cadvisor/blob/master/docs/running.md#standalone`

◉ 如何做

在容器啟動之後，請在你的瀏覽器中連線到 `http://localhost:8080`。首先會看到 CPU、記憶體的使用率、以及其他主機上的資訊圖表。然後，請點擊 **Docker Containers** 連結，就會看到在 **Subcontainers** 段落中所有在主機

上執行的容器之 URL。如果你點擊了其中任一個,就會看到這個容器的資源使用資料。下圖是其中一個可能的畫面:

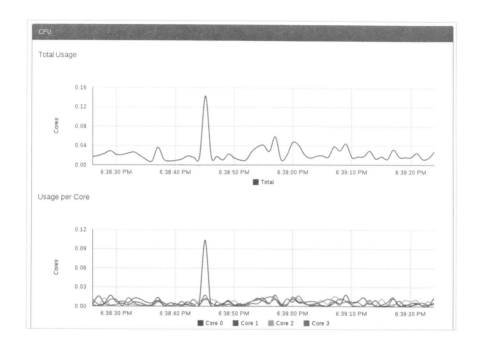

◉ 如何辦到的

使用 docker run 指令,我們從主機掛載了一些唯讀的 volume。cAdvisor 將會從這些 volume 中讀取相關的資訊,例如容器的 Cgroup 細節,然後以視覺化的方式呈現這些資訊。

◉ 補充資訊

cAdvisor 支援將效能矩陣匯出到 influxdb(https://www.influxdata.com)。

◉ 可參閱

你可以在 Docker 網站的說明文件中,看到 cAdvisor 從 Cgroups 使用的矩陣:

https://docs.docker.com/config/conainers/runmetrics/

Docker 的協作及組織一個平台

本章涵蓋以下主題

- 使用 Docker Compose 執行應用程式

- 使用 Docker Swarm 建置一個 cluster

- 在 Docker Swarm 中使用 secrets

- 設置 Kubernetes cluster

- 在 Kubernetes 中使用 secrets

- 擴充或縮編 Kubernetes cluster

- 在 Kubernetes cluster 中設置 WordPress

簡介

在單一主機上執行 Docker 對於開發環境來說還算不錯，但是它真正的價值是當它被擴展到多部主機上的時候。然而，這並不是簡單的工作。你必須要去協作這些容器。因此，在本章將涵蓋一些協作工具以及佈建（hosting）平台作業。

Docker 公司推出了兩個這樣的工具：

- Docker Compose（https://docs.docker.com/compose），用來建立由多個容器所組成的 app。

- Docker Swarm（https://docs.docker.com/engine/swarm/），用來建立多個 Docker 主機的 cluster。Docker Compose 的前身是 Fig（http://www.fig.sh）。

Kubernetes（http://kubernetes.io）Docker 協作是由 Google 所啟用的專案。Kubernetes 提供應用程式部署、排程、更新、維護、以及擴展的機制。

甚至連 Microsoft 也發表了一個為 Docker 設計的作業系統（http://azure.microsoft.com/blog/2015/04/08/microsoft-unveils-new-container-technologies-for-the-next-generation-cloud/）。

Apache Mesos（http://mesos.apache.org）提供橫跨整個資料中心與雲端環境的資源管理和排程，也加入了對於 Docker 的支援（http://mesos.apache.org/documentation/latest/docker-containerizer/）。

VMware 也啟用了一個容器專屬的主機叫做 VMware Photon（http://vmware.github.io/photon/）。

前面這些工具和平台都需要專屬的篇章才能夠加以說明。但是在本章中，我們將探討 Compose、Swarm、以及 Kubernetes。

使用 Docker Compose 執行應用程式 ∎∎∎

Docker Compose（`http://docs.docker.com/compose/`）是原生的 Docker 工具，它執行一些相互依存的容器以組成一個應用程式。我們在一個檔案中定義多容器應用程式，然後把它交由 Docker Compose 處理，Docker Compose 就會依此設置該應用程式。在本訣竅中將會再一次使用 WordPress 作為要被執行的應用程式。

◉ 備妥

請使用以下的指令安裝 Docker Compose：

```
$ sudo pip install docker-compose
```

◉ 如何做

請依照以下的步驟進行：

1. 建立一個應用程式的目錄，然後在此目錄中建立 docker-compose.yml 來定義這個 app：

```
$ cd wordpress_compose/
$ cat docker-compose.yml
version: '3.1'
services:
  wordpress:
    image: wordpress
    restart: always
    ports:
      - 8080:80
    environment:
      WORDPRESS_DB_PASSWORD: example
mysql:
  image: mysql:5.7
  restart: always
  environment:
    MYSQL_ROOT_PASSWORD: example
```

2. 上面的例子是取自於 Docker Hub（https://registry.hub.docker.com/_/wordpress/）上 WordPress 官方倉儲。

3. 在這個 app 目錄中，執行以下的指令用來建立以及啟用這個 app：

```
$ docker-compose up
```

4. 一旦建置作業完成之後，可以從 http://localhost:8080 或是 http://<host-ip>:8080 進入 WordPress 的安裝頁面。

◉ 如何辦到的

如果在本地端找不到 MySQL 和 WordPress 這兩個映像檔，Docker Compose 會到官方的 Docker Registry 去下載。首先，它會利用 MySQL 映像檔啟用 db 容器，接著再啟動 WordPress 容器。

◉ 補充資訊

我們甚至可以在 compose 的期間從 Dockerfile 建置映像檔，然後把它用在 app 中。例如，要建立 WordPress 映像檔，可以使用相對應的 Dockerfile，把它放在應用程式的 compose 目錄裡，此 Dockerfile 的內容如下：

```
$ cat Dockerfile
FROM wordpress:latest
# extend the base wordpress image with anything custom
# you might need for local dev.
ENV CUSTOM_ENV env-value
```

再來更新 docker-compose.yml 檔案的內容，使其可以參用到前面所定義的 Dockerfile。這個步驟讓我們可以變更 WordPress 映像檔，然後加上任何不同於官方 WordPress 映像檔的變更和設定：

```
$ cat docker-compose.yml
version: "3.1"
services:
    wordpress:
```

```
        build: .
        restart: always
        ports:
            - 8080:80
        environment:
            WORDPRESS_DB_PASSWORD: example
    mysql:
        image: mysql:5.7
        restart: always
        environment:
            MYSQL_ROOT_PASSWORD: example
```

- 一旦做了這些改變，就可以使用和之前相同的方式啟動這個堆疊：

```
$ docker-compose up
```

- 在你啟動堆疊之後若是想要停止這個堆疊，可以執行以下的指令：

```
$ docker-compose down
```

- 在堆疊中建立容器指令：

```
$ docker-compose build
```

- 進入執行中的 WordPress 容器的指令如下：

```
$ docker-compose exec wordpress bash
```

- 列出在堆疊中執行的容器的指令如下：

```
$ docker-compose ps
```

◉ 可參閱

你也可以參考以下所列的資訊：

- Docker Compose YAML 檔案參考在這裡：

  https://docs.docker.com/compose/compose-file/

- Docker Compose 命令列參考在這裡：

  https://docs.docker.com/compose/reference/overview/

- Docker Compose GitHub 倉儲的網址在此：

  https://github.com/docker/compose

 # 使用 Docker Swarm 建置一個 cluster ▪▪▪

Docker Swarm（https://docs.docker.com/engine/swarm/）是在 Docker 中的原生的叢集工具。它把多個 Docker 主機組織成單一個池（pool），讓你可以在這個池裡面啟用容器。為了保持事情簡單，在此我們使用 VirtualBox 作為組態這些主機的後端。

Swarm 有兩個版本，在這個訣竅中將使用叫做 Docker Swarm mode 比較新的版本，它植基於 SwarmKit（https://github.com/docker/swarmkit）。新版比較便於啟動與執行，而且移除了之前版本中需要的許多步驟。Swarm mode 內建在 Docker daemon 中，所以使用它並不需要額外的軟體。

Docker Swarm mode 支援兩種型式的 node，分別是 manager 以及 worker。manager node 執行 Swarm 協作以及 cluster 管理功能。它們分配工作單元（叫做 task）給 worker。manager node 使用 Raft Consensus 演算法（http://thesecretlivesofdata.com/raft/）管理全部的 cluster 狀態。worker node 接受與執行從 manager 所派來的 task。

為了讓 Raft 可以順利運行，需要奇數個 manager 讓 leader election 可以進行。這表示，如果你想要有一個容錯的 Swarm cluster，應該要有 3 個或是 5 個 manager。如果你有 3 個 manager，則可以處理一個 node 的錯誤，如果有 5 個 manager 的話，那麼最多可以處理 2 個 node 的錯誤情況，更多錯誤會造成 Raft 無法達成共識。請依工作負載選用合適的 cluster 大小。

◉ 備妥

請完成以下的步驟：

1. 在你的系統上安裝 VirtualBox（`https://www.virtualbox.org/`）。至於如何設置 VirtualBox 並不在本書的討論範圍。

2. 使用 VirtualBox，建立 3 個虛擬機，分別名為 dockerhost-1、dockerhost-2、以及 dockerhost-3，然後在這些虛擬機中安裝最新版本的 Docker。

3. 請確定沒有任何的防火牆會阻擋在 dockerhost-1、dockerhost-2、dockerhost-3 之間的存取。

◉ 如何做

請依照以下的步驟執行：

1. 登入 dockerhost-1 然後初始化 Swarm。`--advertise-addr` 參數是主機的 IP 位址，它是你用來監聽 Swarm 流量的主機：

```
$ docker swarm init --advertise-addr <your host ip>

Swarm initialized: current node (4daiatuoef7eh0ne6kawtflm1) is now a
manager.
To add a worker to this swarm, run the following command:

docker swarm join --token
SWMTKN-1-2nyaeu0l2rw7fv6wpgco4o1spos0elazjxob3nitlnfy9bv15ybdch9bt28qsviddp
mc38r5hv1 10.10.0.6:2377

To add a manager to this swarm, run 'docker swarm join-token manager' and
follow the instructions.
```

 每一個由 Swarm 的 `init` 指令所傳回的 Swarm token 都不會一樣，請確定使用你自己取得的來啟動 Swarm。

2. 登入到 dockerhost-2 和 dockerhost-3，然後加入 Swarm 成為 worker：

```
$ docker swarm join --token
SWMTKN-1-2nyaeu0l2rw7fv6wpgco4o1spos0elazjxob3nitlnfy9bv15ybdch9bt28qsviddp
mc38r5hv1 10.10.0.6:2377
```

3. 在 host1 上，列出在 Swarm cluster 中的 node，如下所示：

```
$ docker node ls
```

```
$ docker node ls
ID                            HOSTNAME        STATUS      AVAILABILITY     MANAGER STATUS     ENGINE VERSION
4wamte87kb6sath5lsbppszbh *   dockerhost-1    Ready       Active           Leader             18.06.0-ce
clprl0jzkmifj7638qmxprfrg     dockerhost-2    Ready       Active                              18.06.0-ce
q7qtu08y96u0gyfip4txzi0u4     dockerhost-3    Ready       Active                              18.06.0-ce
$ 
```

正如同你所看到的，在 cluster 中有 3 個 nodes：一個 manager 以及 2 個 worker。現在，你有一個 Swarm，可以在 Swarm 上排程 task 了。

4. 在 cluster 中啟動一個服務：

```
$ docker service create --name demo --publish 80:80 nginx
```

5. 以如下所示的指令檢視服務狀態：

```
$ docker service ls
$ docker service ps demo
```

```
$ docker service ls
ID              NAME        MODE          REPLICAS     IMAGE            PORTS
y4zw1uhhx1fj    demo        replicated    1/1          nginx:latest     *:80->80/tcp
$ docker service ps demo
ID              NAME        IMAGE         NODE         DESIRED STATE    CURRENT STATE           ERROR        PORTS
i7m3njcsbvfr    demo.1      nginx:latest  dockerhost-2 Running          Running 20 seconds ago
$ 
```

6. 把服務的規模擴展到 3：

```
$ docker service scale demo=3
```

7. 請檢查以確保這個服務已經被擴展為 3。擴展的事件可能需要幾分鐘才能夠完成作業：

```
$ docker service ls
ID                NAME       MODE          REPLICAS       IMAGE               PORTS
y4zw1uhhx1fj      demo       replicated    3/3            nginx:latest        *:80->80/tcp
$ docker service ps demo
ID                NAME       IMAGE         NODE           DESIRED STATE       CURRENT STATE           ERROR          PORTS
i7m3njcsbvfr      demo.1     nginx:latest  dockerhost-2   Running             Running 2 minutes ago
ejh41vpts1f0      demo.2     nginx:latest  dockerhost-1   Running             Running 10 seconds ago
696umwvgyvop      demo.3     nginx:latest  dockerhost-3   Running             Running 10 seconds ago
$ []
```

◉ 如何辦到的

我們使用在初始化 Swarm 時從 manager 所取得的唯一 token，新增 worker node 到 cluster。然後建立一個簡單的 nginx 服務，並把它擴展到 3；這個操作會在 Swarm 中的每一個 node 上各啟動一個容器。

◉ 補充資訊

如果你想要新增一個 manager 到 cluster 中，需要執行以下的步驟：

- 在一個已存在的 manager 中，執行以下的指令：

```
$ docker swarm join-token manager
To add a manager to this swarm, run the following command:

docker swarm join --token
SWMTKN-1-0trltcq6gwhz9w40j3wpuqedjwviwdgksuz8zulaz6qon118s4-2ui4f15uu7ceow6
k2gc9xutb5 10.10.0.6:2377
```

- 登入這個新 manager 主機，然後執行以下的指令：

```
$ docker swarm join --token
SWMTKN-1-0trltcq6gwhz9w40j3wpuqedjwviwdgksuz8zulaz6qon118s4-2ui4f15uu7ceow6
k2gc9xutb5 10.10.0.6:2377

This node joined a swarm as a manager.
```

◉ 可參閱

你可以在 Docker 的網站中檢視 Swarm 的說明文件以取得更多的資訊：

https://docs.docker.com/engine/swarm/

 ## 在 Docker Swarm 中使用 secrets

當使用容器時，經常會做的事是需要連結到一些外部的資源，像是資料庫、快取、或是網頁伺服器等。這些資源通常都需要進行安全認證。把安全憑證傳送給容器的其中一個受歡迎的方式是透過環境變數，它可在容器啟動的時候加以設定。如此可以讓你在不同的開發環境中使用相同的 Docker 映像檔，使用此種方式就可以不用把帳號和密碼儲存在映像檔中。這對於 twelve-factor 所指的應用程式（https://12factor.net）來說是常見的特徵，此類型的應用程式因 Heroku（https://www.heroku.com）變得流行起來。

把環境變數加到一個執行中的容器非常簡單，但是也有它的缺點。當環境變數被加到容器中時，它也可以被容器中執行的任何一個程式存取。這表示，並不是只有你的程式碼可以看到它們，其他第三方程式庫的程式碼也可以看到。這會讓那些密碼不小心被曝露到容器之外。

這經常是意外地出現在錯誤發生時，以及在產生錯誤堆疊追蹤訊息時，它會列出目前所有的環境變數。原本這項功能的目的是為了幫助我們進行除錯，但是你可能不知道，把所有的環境變數揭露出來，也會順便把你的密碼呈現出來，也就衍生了處理程序的另外一個問題。

為了修正這個問題，Docker 發明了另一個功能叫做 Docker Secrets（https://docs.docker.com/engine/swarm/secrets/）。Docker Secrets 目前只能夠在 Swarm 服務上使用。secret 可以是任何一堆資料，像是密碼、TLS 憑證這類不想和他人共享的內容。

我們的瞭解夠多了，現在來看看例子。

◉ 備妥

你需要一個已經設置完成的 Docker Swarm 系統。

◉ 如何做

請依照以下的步驟進行：

1. 把一個 secret 加入到 Swarm，如下所示：

```
$ echo "myP@ssWord" | docker secret create my_password -
```

```
$ echo "myP@ssWord" | docker secret create my_password -
73kp9jvjfk1babszs3828wzrg
$ _
```

2. 建立一個使用這個 secret 的服務：

```
$ docker service create --name="my-service" --secret="my_password"
redis
```

3. 因為我們使用 Swarm，容器可能會在 cluster 中的任一 node 上執行。要找出容器是在哪一個 node 上執行，你可以使用 `docker service ps` 指令，如下所示：

```
$ docker service ps my-service
```

```
$ docker service ps my-service
ID              NAME            IMAGE           NODE            DESIRED STATE       CURRENT STATE           ERROR           PORTS
u8efvd9y570t    my-service.1    redis:latest    dockerhost-3    Running             Running 14 seconds ago
```

4. 現在你知道容器在哪個 node 上執行了，請連接到該 node，然後執行以下的指令以檢視在容器中未加密的 secret，如下所示：

```
$ docker container exec $(docker container ls --filter name=my-service
-q) cat /run/secrets/my_password
```

```
$ docker container exec $(docker container ls --filter name=my-service -q) cat /run/secrets/my_password
myP@ssWord
$ ▯
```

◉ 如何辦到的

它的工作流程是這樣的，當你加上一個 secret 到 Swarm 時，它將會把這個加密的 secret 儲存在它內部的 Raft 儲存中。當建立服務以及參用到這個 secret 時，Swarm 會讓那些容器存取 secret，然後將加上未加密的 secret 作為一個在記憶體內的檔案系統掛載到此容器。為了讀取這個 secret，應用程式將會需要檢視這個掛載的檔案而不是環境變數。

如果 secret 被移除了，或是這個服務已經被更新而移除此 secret，這個 secret 將不再提供容器使用。

◉ 補充資訊

其他功能特色如下：

- 使用以下的指令可以觀察 secret：

  ```
  $ docker secret inspect <secret name>
  ```

- 使用以下的指令可以列出 secret：

  ```
  $ docker secret ls
  ```

- 使用以下的指令可以移除 secret：

  ```
  $ docker secret rm <secret name>
  ```

- 使用以下的指令可以更新一個服務去移除 secret：

```
$ docker service update --secret-rm <secret name> <service name>
```

◉ 可參閱

你可以檢視 Docker Secrets 的說明文件以取得更多的資訊：

https://docs.docker.com/engine/swarm/secrets/

 ## 設置 Kubernetes cluster

Kubernetes 是一個開源的容器協作工具，它被使用在 cluster 中橫跨多個 node。此工具一開始是由 Google 所開發，其他公司的開發者對此工具亦有許多回饋。它提供了一個機制用來進行應用程式部署、排程、更新、維護、以及擴展規模。Kubernetes 的 auto-placement（自動配置）、auto-restart（自動重啟）、以及 auto-replication（自動複本）功能確保應用程式可以處於使用者定義的維護狀態。使用者可以透過 YAML 或是 JSON 檔案定義應用程式，定義的方式將會在本訣竅的後面說明。這些 YAML 以及 JSON 檔案也可以包含 API 版本（apiVersion 欄位）以識別它的綱要。

讓我們先來看看一些 Kubernetes 的關鍵組件和概念：

- **Pods**：所謂的 pod，是由一個或多個容器所組成，它是 Kubernetes 的部署單位。每一個在 pod 中的容器均和其他的容器共享同一個 pod 中的不同命名空間。例如，每一個在 pod 中的容器共享網路命名空間，這表示它們都可以透過 localhost 相互通訊。

- **Node/minion**：所謂的 node，早先叫做 minion，是在 Kubernetes cluster 中的工作 node，它們透過 master 管理。pod 被部署在一個 node 上，執行時需要以下一些必須的服務：

- docker，用來執行容器

- kubelet，用來和 master 互動

- proxy（kube-proxy），用來連結服務到相依的 pod

- **Master**：Master 主持 cluster-level 的控制服務如下：

  - **API server**：提供 RESTful API 可以和 master 以及 node 進行互動。這是唯一可以和 etcd instance 溝通的元件。

  - **Scheduler**：在 cluster 中排程作業，例如建立 pods 和 nodes。

  - **ReplicaSet**：用來確保使用者指定的 pod replicas 數目在任何時間執行都是正確的。要使用 ReplicaSet 管理 replicas，我們需要為一個 pod 定義一個設定 replica 數目的組態檔。

Master 也會和 etcd 進行通訊，etcd 是一個分散式的 key-value 對，它被用來儲存組態資訊，master 和 node 都會使用這個資訊。etcd 的 watch 功能被用來通知在 cluster 中的改變。etcd 可以被放在 master 或是放在系統的另外一個集合中。

- **Services**：在 Kubernetes 中，每一個 pod 取得它自己的 IP 位址，而且 pod 何時被建立或摧毀是基於 replication 控制器的組態。因此，我們不能依賴 pod 的 IP 位址去準備一個 app。為了要克服這個問題，Kubernetes 定義了一個抽象化的 pod 之 logical set 以及策略來存取它們。這個抽象化的層級被稱為 service。service 管理的 label 是被用來定義 logical set 的。

- **Labels**：labels 是一些 key-value 對，它們可以被附加到一些物件上。使用這些，我們可以選用物件的子集合。例如，一個 service 可以選擇所有的具有 mysql 這個 label 的 pod。

- **Volumes**：volume 是一個可以被 pod 中的容器所存取的目錄。類似於 Docker 的 volume，但是並不完全相同。Kubernetes 支援不同型態的

volume，其中一些包括 emptyDir（短暫的）、hostPath、gcePersistenDisk、awsElasticBlockStore、以及 NFS。目前還在持續地發展以支援更多種不同型式的 volume。更多詳細的資訊請參考：

https://kubernetes.io/docs/concepts/storage/

Kubernetes 可以被安裝在 VM、實體機器以及雲端上。更詳細的組成方式可以參考：https://kubernetes.io/docs/setup/pick-right-solution/。在第 1 章「簡介與安裝」曾經展示如何安裝 Docker for Mac 以及 Docker for Windows。使用這兩個工具都可以很簡單地透過點擊幾個按鈕就建立一個本地端的 Kubernetes cluster，你可以回到第 1 章看看詳細的內容。

在這個訣竅中將會看到另外一個在本地端主機上使用 MiniKube with VirtualBox 來安裝 Kubernetes 的方式。本訣竅以及接下來的訣竅中，我們使用的 Kubernetes 是 v1.10.0。

◉ 備妥

請依照以下的步驟進行準備工作：

- 從 https://www.virtualbox.org/wiki/Downloads 安裝最新版本的 VirtualBox。至於如何設置 VirtualBox 並不在本書討論的範圍。

- 在你的電腦 BIOS 設定中，VT-x 或是 AMD-v virtualization 需要啟用才行。

- 安裝 Kubectl：

  - 如果是 Mac 電腦，可以使用 Homebrew（https://brew.sh）安裝 Kubectl，如下所示：

```
$ brew install kubernetes-cli
```

- 如果是 Windows，可以使用 Chocolatey（https://chocolatey.org），如

下所示：

```
$ choco install kubernetes-cli
```

- 如果是 Linux，可以使用 curl 安裝 kubectl 二進位檔：

```
$ curl -LO
https://storage.googleapis.com/kubernetes-release/release/v1.10.0/bin/linux
/amd64/kubectl
$ chmod +x ./kubectl
$ sudo mv ./kubectl /usr/local/bin/kubectl
```

- 安裝 MiniKube（https://github.com/kubernetes/minikube/releases）：

  - 在 Linux 中：

```
$ curl -Lo minikube
https://storage.googleapis.com/minikube/releases/v0.28.2/minikube-linux
-amd64
$ chmod +x minikube
$ sudo mv minikube /usr/local/bin/
```

  - 在 macOS 中：

```
$ curl -Lo minikube
https://storage.googleapis.com/minikube/releases/v0.28.2/minikube-darwi
n-amd64
$ chmod +x minikube
$ sudo mv minikube /usr/local/bin/
```

◉ 如何做

執行以下的指令，在 VirtualBox 環境下使用 MiniKube 設置 Kubernetes：

```
$ minikube start --vm-driver=virtualbox
```

```
$ minikube start --vm-driver=virtualbox
Starting local Kubernetes v1.10.0 cluster...
Starting VM...
Downloading Minikube ISO
 160.27 MB / 160.27 MB [===========================================] 100.00% 0s
Getting VM IP address...
Moving files into cluster...
Downloading kubeadm v1.10.0
Downloading kubelet v1.10.0
Finished Downloading kubelet v1.10.0
Finished Downloading kubeadm v1.10.0
Setting up certs...
Connecting to cluster...
Setting up kubeconfig...
Starting cluster components...
Kubectl is now configured to use the cluster.
Loading cached images from config file.
$ 
```

◉ 如何辦到的

MiniKube 會下載 MiniKube ISO，在 VirtualBox 中建立一個新的 VM，然後在其中組態 Kubernetes，最後，它會為 kubectl 設置一個預設的 cluster。

◉ 補充資訊

如果你需要對 cluster 執行指令，可以使用 kubectl。以下是一些你可能會經常用到的指令：

- 要建立一個新的部署，可以使用 kubectl run 指令。鍵入以下的指令會啟動一個 echo web service：

```
$ kubectl run hello-minikube --image=k8s.gcr.io/echoserver:1.4 --
port=8080
$ kubectl expose deployment hello-minikube --type=NodePort
```

```
$ kubectl run hello-minikube --image=k8s.gcr.io/echoserver:1.4 --port=8080
deployment.apps/hello-minikube created
$ kubectl expose deployment hello-minikube --type=NodePort
service/hello-minikube exposed
```

以下的指令可以用來確認是否建置成功：

```
$ kubectl get pod
```

```
$ kubectl get pod
NAME                              READY    STATUS     RESTARTS    AGE
hello-minikube-6c47c66d8-sdwp6    1/1      Running    0           4m
```

使用 curl 連線到新的 service 以確定是否可以運作，如下所示：

```
$ curl $(minikube service hello-minikube --url)
```

```
$ curl $(minikube service hello-minikube --url)
CLIENT VALUES:
client_address=172.17.0.1
command=GET
real path=/
query=nil
request_version=1.1
request_uri=http://192.168.99.100:8080/

SERVER VALUES:
server_version=nginx: 1.10.0 - lua: 10001

HEADERS RECEIVED:
accept=*/*
host=192.168.99.100:30773
user-agent=curl/7.54.0
BODY:
-no body in request-$ █
```

你可以使用以下的指令碼刪除 service 以及相關的部署：

```
$ kubectl delete service hello-minikube
$ kubectl delete deployment hello-minikube
```

- 你可以使用以下的指令取得 node 列表：

```
$ kubectl get nodes
```

- 你可以使用以下的指令取得 pod 列表：

```
$ kubectl get pods
```

- 你可以使用以下的指令取得 service 列表：

```
$ kubectl get services
```

- 你可以使用以下的指令取得 ReplicaSets 列表：

```
$ kubectl get rs
```

- 你可以使用以下的指令終止 MiniKube cluster：

```
$ minikube stop
```

- 你可以使用以下的指令刪除 MiniKube cluster：

```
$ minikube delete
```

你將會看到一些 pods、services、以及 replication controllers 被列出來，它們是 Kubernetes 為了內部使用所建立的。如果沒有看到它們，加上 -all-namespaces 旗標即可。

◉ 可參閱

你也可以參考下列的相關資訊：

- MiniKube 的組態：

  https://kubernetes.io/docs/setup/minikube/。

- Kubernetes 說明文件：

  https://kubernetes.io/docs/home/。

- Kubernetes API 慣例：

  https://kubernetes.io/docs/reference/using-api/。

在 Kubernetes 中使用 secrets

在「*在 Docker Swarm 中使用 secrets*」訣竅中，我們展示了在使用 Docker Swarm 時，如何利用 secrets 以安全的方式儲存密碼。Kubernetes 也有類似的功能，現在來看看它是如何運作的。

◉ 備妥

在本訣竅中會使用一個已經設定好的 Kubernetes cluster。

◉ 如何做

請依照以下的步驟進行：

1. 在你的本地端機器中把 secret 加到檔案中：

```
$ echo -n "MyS3cRet123" > ./secret.txt
```

2. 把你的 secret 加到 Kubernetes：

```
$ kubectl create secret generic my-secret --from-file=./secret.txt
secret/my-secret created
```

3. 檢視 secret 確保已正確地加入：

```
$ kubectl describe secrets/my-secret
```

```
$ kubectl describe secrets/my-secret
Name:           my-secret
Namespace:      default
Labels:         <none>
Annotations:    <none>

Type:   Opaque

Data
====
secret.txt:  11 bytes
$ []
```

4. 在 pod 中透過 volume 使用你的 secret。

建立一個叫做 `secret_pod.yml` 的檔案，然後把以下的內容加到此檔案中。我們將會使用這個檔案去建立一個 pod，此 pod 中將會掛載一個 volume，此 volume 就是放置 secret 的地方：

```yaml
apiVersion: v1
kind: Pod
metadata:
  name: mypod
spec:
  containers:
  - name: shell
    image: alpine
    command:
      - "bin/ash"
      - "-c"
      - "sleep 10000"
    volumeMounts:
      - name: secretvol
        mountPath: "/tmp/my-secret"
        readOnly: true
  volumes:
  - name: secretvol
    secret:
      secretName: my-secret
```

5. 使用 `secret_pod.yml` 建立一個 pod：

```
$ kubectl create -f ./secret_pod.yml
```

6. 在 pod 中檢視這個 secret：

```
$ kubectl exec mypod -c shell -i -t -- ash
/ # mount | grep my-secret
tmpfs on /tmp/my-secret type tmpfs (ro,relatime)
/ # cat /tmp/my-secret/secret.txt
MyS3cRet123/ #
/ #
```

◉ 如何辦到的

當你建立一個 secret，Kubernetes 將會使用 base64 進行編碼，並把它使用 REST API 儲存回資料儲存中，例如，etcd。如果你建立一個 pod 並參用到這個 secret，當 pod 建立時，它會取得可以使用這個 secret 的權限。當它被部署時，就會建立並且掛載一個 secret volume，secret 的值就會被以 base64 解碼並以檔案的型式儲存在這個 volume 中。你的應用程式如果需要存取 secret 時就可以參用到這些檔案。

◉ 補充資訊

雖然並不推薦，但是你也是可以把 secret 以環境變數的方式呈現出來。如果要這麼做，請建立一個新的檔案叫做 secret_env_pod.yml，它的內容以及操作方式如下所示：

```
apiVersion: v1
kind: Pod
metadata:
  name: myenvpod
spec:
  containers:
  - name: shell
    image: alpine
    env:
      - name: MY_SECRET
        valueFrom:
          secretKeyRef:
            name: my-secret
            key: secret.txt
    command:
      - "bin/ash"
      - "-c"
      - "sleep 10000"
```

```
$ kubectl create -f ./secret_env_pod.yml
pod/myenvpod created
$ kubectl exec myenvpod -c shell -i -t -- ash
/ # echo $MY_SECRET
MyS3cRet123
/ # 
```

◉ 可參閱

你可以檢視 Kubernetes secret 的說明文件以取得更多的資訊：

https://kubernetes.io/docs/concepts/configuration/secret/

 ## 擴充或縮編 Kubernetes cluster ▪▪▪

在前面的章節中，我們提到 ReplicaSet 確保使用者設定的 pod replicas 數目在任何時間都是正常執行中的。要使用 ReplicaSet 管理 replicas，需要在組態檔案中定義一個 pod 的 replica 數目，這個組態檔可以在執行階段中進行變更。

◉ 備妥

請確保 Kubernetes 已設置完成並正常運行中，如同前面的訣竅中所說明的。而且，目前你應該位於 Kubernetes 目錄中，這個目錄是在前面的安裝時所建立的。

◉ 如何做

請依照以下的步驟進行：

1. 啟用 nginx 容器，並設定 replica 數目為 3：

```
$ kubectl run my-nginx --image=nginx --replicas=3 --port=80
```

2. 此時會啟動 nginx 容器的 3 個 replicas。列出所有的 pods 以取得目前的狀態，如下所示：

```
$ kubectl get pods
```

```
$ kubectl run my-nginx --image=nginx --replicas=3 --port=80
deployment.apps/my-nginx created
$ kubectl get pods
NAME                          READY    STATUS    RESTARTS    AGE
my-nginx-77f56b88c8-k4cxz     1/1      Running   0           56s
my-nginx-77f56b88c8-qkc88     1/1      Running   0           56s
my-nginx-77f56b88c8-vbm6l     1/1      Running   0           56s
$ []
```

3. 以下的指令可用來取得 ReplicatSet 之組態：

```
$ kubectl get rs
```

```
$ kubectl get rs
NAME                    DESIRED    CURRENT    READY    AGE
my-nginx-77f56b88c8     3          3          3        21m
$ []
```

正如你所看到的，我們有一個 my-nginx 控制器，它的 replica 數目是 3。

4. 接下來把 replica 的數目設定為 1，並更新 ReplicaSet：

```
$ kubectl scale --replicas=1 deployment/my-nginx
$ kubectl get rs
```

```
$ kubectl scale --replicas=1 deployment/my-nginx
deployment.extensions/my-nginx scaled
$ kubectl get rs
NAME                    DESIRED    CURRENT    READY    AGE
my-nginx-77f56b88c8     1          1          1        26m
```

5. 取得 pods 列表並驗證剛剛的指令是否生效，此時你應該只會看到 1 個 nginxpod：

```
$ kubectl get pods
```

◉ 如何辦到的

我們要求執行在 master 的 ReplicaSet service 更新 pod 的 replicas，它會更新組態並要求 nodes/minions 依照修改後的內容進行調整作業。

◉ 補充資訊

請使用以下的指令取得 services：

```
$ kubectl get services
```

```
$ kubectl get services
NAME          TYPE        CLUSTER-IP     EXTERNAL-IP   PORT(S)   AGE
kubernetes    ClusterIP   10.96.0.1      <none>        443/TCP   1h
$ []
```

正如你所看到的，沒有任何一個先前啟動的 service 是為我們的 nginx 容器所定義的。這表示，雖然我們有一個容器正在執行中，但是卻因為相對應的服務未被定義而無法從外界存取。

在 Kubernetes cluster 中設置 WordPress ···

在此訣竅中將使用在 Kubernetes 說明文件中所提供的 WordPress 範例（https://kubernetes.io/docs/tutorials/stateful-application/mysql-wordpress-persistent-volume/）。這個例子包含三個部份：建立一個 secret、部署 MySQL、以及部署 WordPress。

◉ 備妥

請依照以下的步驟進行準備工作：

- 確保你的 Kubernetes cluster 已經設置妥當並正常運行中，如同前面的訣竅所教過的內容。

- 有兩個 pod 檔案需要下載，可以在此找到它們：

  - https://kubernetes.io/examples/application/wordpress/mysql-deployment.yaml

- https://kubernetes.io/examples/application/wordpress/wordpress-deployment.yaml

- 這些 YAML 檔案分別描述了 MySQL 以及 WordPress 所需要的 pods 以及 services。

- MySQL 以及 WordPress 都需要儲存資料的地方。在 Kubernetes，這種資料稱為 PersistentVolume。當在部署 pod 時，PersistentVolumeClaims 將會被一併建立。不同的 cluster 有不同的預設儲存類別，請確定你使用的 StorageClass 適用於你的使用模式。

◉ 如何做

請依照以下的步驟進行：

1. 我們已經在前面的訣竅中學習過關於 Kubernetes secrets 的部份。請執行以下的指令建立你的 secret，並別忘了要把 THE_PASSWORD 改為你要使用的：

```
$ kubectl create secret generic mysql-pass --from-
literal=password=THE_PASSWORD
```

以下用來確定 secret 是否被成功地建立：

```
$ kubectl get secrets
```

2. 使用 mysql-deployment.yml 檔案部署 MySQL pod：

```
$ kubectl create -f ./mysql-deployment.yaml
```

請確定 PersistentVolume 被正確地建立。

這可能需要幾分鐘的時間，如果它還沒有準備好，可能會更久一些。

我們可以透過以下指令的輸出檢視狀態,如果看起來像是如下所示的輸出,就表示可以繼續前往下個步驟:

```
$ kubectl get pvc
```

```
$ kubectl get pvc
NAME             STATUS    VOLUME                                      CAPACITY   ACCESS MODES   STORAGECLASS   AGE
mysql-pv-claim   Bound     pvc-2557bc33-a223-11e8-85d3-0800277df986    20Gi       RWO            standard       10s
```

以下的指令是用來檢查 pod 是否已經正確設置並執行:

```
$ kubectl get pods
```

3. 現在 MySQL 資料庫已經完成設置並執行中,接下來可以開始部署 WordPress 了。這個 pod 也會使用 persistent storage,而它也會使用到在步驟 1 中所建立的 secret 作為 MySQL 密碼。因為我們想要讓它可以接受來自 cluster 外部的網路流量,因此也需要設置一個負載平衡器(loadbalancer)。

- 使用 `wordpress-deployment.yaml` 部署 WordPress service:

```
$ kubectl create -f ./wordpress-deployment.yml
```

- 驗證 `PersistentVolume` 是否已被建立:

```
$ kubectl get pvc
```

- 驗證 service 是否正確地被建置及執行:

```
$ kubectl get services wordpress
```

如果你在這個範例中使用的是 Minikube,它只能把 service 經由 NodePort 呈現出去。NodePort,就如同名字所暗示的,在主機上開啟一個特定的連接埠,任何送到這個連接埠的網路流量都會被轉送到 service。因為 Minikube 不提供整合的負載平衡器,EXTERNAL-IP 都會被擱置。

現在，我們的 service 已經完成建置並執行了，我們需要取得 IP 位址如下：

```
$ minikube service wordpress --url
```

請使用你慣用的瀏覽器連線到這個 IP 位址，應該可以看到 WordPress 的安裝畫面。

 請確定你會透過安裝精靈完成設置使用者名稱以及密碼的操作。如果你沒有這麼做，別人就有可能會發現這個網站而且幫你設定。如果你不打算使用這個服務，請記得把它刪除。

◉ 如何辦到的

在這個訣竅中，首先要建立一個 secret 以儲存我們的 MySQL 密碼。然後啟動 MySQL 資料庫使用在 secret 提供的密碼，並把資料儲存在主機上的 PersistentStore 中讓這些資料不會因為容器的重啟而消失。接著，部署一個 WordPress service，也是使用之前建立的 secret 以取得密碼並連線到 MySQL 資料庫。我們也組態了一個負載平衡器，因此來自於 cluster 外的流量就可以前往我們所安裝的 WordPress。

◉ 補充資訊

如果要清除你所安裝的 WordPress，請依序執行以下的指令：

```
$ kubectl delete secret mysql-pass
$ kubectl delete deployment -l app=wordpress
$ kubectl delete service -l app=wordpress
$ kubectl delete pvc -l app=wordpress
```

◉ 可參閱

你可以檢視 Kubernetes 的說明文件以取得更多的資訊：

https://kubernetes.io/docs/home/

Docker 安全性

本章涵蓋以下主題

- 使用 SELinux 設定 Mandatory Access Control（MAC）

- 當 SELinux ON 時，允許對從主機掛載的 Volume 進行寫入操作

- 移除 capabilities 以取消在容器中 root 使用者的權力

- 在主機和容器間共享命名空間

簡介

Docker 容器實際上不是一個沙盒應用程式，這表示它們並不被建議在 Docker 中以 root 的身分在系統中執行任意應用程式。你應該是用容器來執行一個 service/process，然後當做是主機系統上的一個 service/process。

我們在第 1 章「**簡介與安裝**」中看到 Docker 是如何使用命名空間來進行隔離的。Docker 總共有六種命名空間，分別是 Process、Network、Mount、Hostname、Shared Memory、以及 User。但在 Linux 中，不是所有事物都可以使用命名空間，例如，SELinux、Cgroup5、Devices（/dev/mem、/dev/sd*），以及 Kernel Modules。在檔案系統下的 /sys、/proc/sys、/proc/sysrq-trigger、/proc/irq、以及 /proc/bus 也都不能使用命名空間來隔離，但是他們預設在 containerD 容器執行期都被掛載為唯讀模式。

為了使 Docker 成為一個安全的環境，在之前已經做了許多工作，還有更多的工作仍待進行。

- 因為 Docker 映像檔是最基本的建構方塊，選擇一個正確的基礎映像檔來開始是非常重要的。Docker 有一個官方映像檔的概念，它是由 Docker、販售商或是其他的機構所維護。如果你回想到在第 2 章「**操作 Docker 容器**」中，我們可以在 Docker Hub 中找到想要的映像檔，其語法如下：

```
$ docker search <image name>
```

以下即為此指令的一個使用範例：

```
$ docker search ubuntu
```

```
$ docker search ubuntu
NAME                            DESCRIPTION                                    STARS    OFFICIAL    AUTOMATED
ubuntu                          Ubuntu is a Debian-based Linux operating sys…  8125     [OK]
dorowu/ubuntu-desktop-lxde-vnc  Ubuntu with openssh-server and NoVNC           204                  [OK]
rastasheep/ubuntu-sshd          Dockerized SSH service, built on top of offi…  164                  [OK]
ansible/ubuntu14.04-ansible     Ubuntu 14.04 LTS with ansible                  94                   [OK]
ubuntu-upstart                  Upstart is an event-based replacement for th…  87       [OK]
neurodebian                     NeuroDebian provides neuroscience research s…  50       [OK]
```

我們將會看到一個叫做「OFFICIAL」的欄位，如果這個映像檔是來自於官方來源，你可以看到【OK】出現在該映像檔的這個欄位中。在 Docker 中有一個功能是提取官方映像檔之前先進行 Digital Signal Verification。如果這個映像檔已被篡改的話就會發出提醒，但是並不會阻止使用者去執行它。

> 更多關於官方映像檔的細節請參考這個網頁：
> https://github.com/docker-library/official-images

- 在第 6 章「*Docker API 和 SDK*」中，看到可以如何在 Docker daemon 透過 TCP 存取時的組態進行設定，讓 Docker 遠端 API 變得安全。

- 我們可以考慮使用「`--icc=false`」參數關閉預設透過在 Docker 主機網路上的容器間通訊（inter-container communication）；雖然容器間仍然可透過連結通訊，它是覆寫 iptables 預設的 DROP 策略，它們使用 `--icc=false` 選項取得設置。

- 我們可以設定 Cgroups 資源限制，如此即可以防止 **Denial of Service（DoS）**攻擊系統的資源限制。

- Docker 利用特殊裝置 Cgroups 的優點，允許我們去指定哪一個 device nodes 可以在容器中使用。它阻斷建立和使用 device nodes 的程序，如此可以防止被使用來攻擊主機。

- 任一個在映像檔上事先建立的 device node 都不能被用來和 kernel 進行溝通，因為映像檔是使用 nodev 選項掛載的。

底下是一些（可能並不完整）可以遵循的指引，讓你可以建立一個安全的 Docker 環境：

- 把 service 執行為 non-root，然後把在容器中和容器外的 root 視為 root。

- 使用來自於可以信任單位的映像檔執行容器；避免使用 `-insecure-registry=[]` 選項。

- 不要執行來自於 Docker registry 或是其他地方的隨機容器。

- 時時保持 kernel 為最新狀態。

- 盡可能避免使用 --privileged，並把容器的 privileges 愈快拋棄愈好。

- 透過 SELinux 或 AppArmor 組態 **Mandatory Access Control（MAC）**。

- 收集稽核用的日誌（logs）。

- 執行常規稽核。

- 在專門設計用來執行容器的主機上執行容器。可以考慮使用 Project Atomic、CoreOS、或是其他類似的解決方案。

- 要在容器中使用裝置，請使用 --device 選項掛載裝置，取代使用 --privileged 選項。

- 在容器內禁止 SUID 以及 SGID。

Docker 和 Center of Internet Security（http://www.cisecurity.org/）發佈了一個關於 Docker 安全性的最佳練習，它含括了比前面所說的更多的指引：

https://blog.docker.com/2015/05/understanding-docker-security-and-best-practices/

在第 1 章「**簡介與安裝**」介紹了如何在 CentOS 7.5 上安裝 Docker。讓我們使用這個預設的安裝並加上一些實驗：

1. 使用以下的指令取消 SELinux：

```
$ sudo setenforce 0
```

2. 建立一個使用者並把它加入到預設的 Docker group，使得這個使用者可以不需要透過 sudo 即可執行 docker 指令：

```
$ sudo useradd dockertest
$ sudo passwd dockertest
$ sudo groupadd docker
$ sudo gpasswd -a dockertest docker
```

3. 使用前面建立的使用者登入，並透過以下的指令啟動一個容器：

```
$ su - dockertest
$ docker container run -it -v /:/host alpine ash
```

4. 從這個容器，chroot 到 /host，並執行 shutdown 指令如下：

```
$ chroot /host
$ shutdown
```

```
$ su - dockertest
Last login: Wed Aug  8 23:07:46 UTC 2018 on pts/0
[dockertest@dockerhost ~]$ docker container run -it -v /:/host alpine ash
Unable to find image 'alpine:latest' locally
latest: Pulling from library/alpine
8e3ba11ec2a2: Pull complete
Digest: sha256:7043076348bf5040220df6ad703798fd8593a0918d06d3ce30c6c93be117e430
Status: Downloaded newer image for alpine:latest
/ # chroot /host
[root@3622ad25ff3b /]# shutdown
Shutdown scheduled for Wed 2018-08-08 23:10:03 UTC, use 'shutdown -c' to cancel.
[root@3622ad25ff3b /]#
Broadcast message from root@dockerhost (Wed 2018-08-08 23:09:03 UTC):

The system is going down for power-off at Wed 2018-08-08 23:10:03 UTC!
```

就如我們所看到的，在 Docker group 中的使用者可以把主系統關閉。
Docker 目前並沒有授權控制，因此如果你可以和 Docker socket 進行通訊，
你也可以去執行任何的 Docker 指令。這很像是 /etc/sudoers：

```
USERNAME ALL=(ALL) NOPASSWD: ALL
```

這樣的情境顯然不是好現象。現在就讓我們在本章之後的部份來說明如何
防止這樣的情形發生。

使用 SELinux 設定 Mandatory Access Control（MAC）

在 Docker 主機上設置某些型式的 MAC 是非常推薦的作法，不管是使用 SELinux 或是 AppArmor，可視你所使用的 Linux 發佈版本而定。在這個訣竅中將會看到如何在 Fedora/RHEL/CentOS 的系統上設置 SELinux，但是，首先讓我們來看看 SELinux 究竟是什麼：

- SELinux 是一個標籤系統。

- 每一個處理程序均有一個標籤。

- 每一個檔案、目錄、以及系統物件均有一個標籤。

- 策略規則（Policy rules）控制具有標籤的處理程序與具有標籤的物件之間的存取。

- 在內核中實施這些規則。

對於 Docker 容器而言，可使用兩種型態的 SELinux enforcement：

- **Type enforcement**：是被用來作為主機系統與容器處理程序之間的保護。每一個容器的處理程序被標籤為 svirt_lxc_net_t，而每一個容器檔案被標籤為 svirt_sandbox_file_t。svirt_lxc_net_t 型態被允許可以管理任何一個具有 svirt_sandbox_file_t 的物件。容器處理程序只能存取 / 寫入容器檔案。

- **Multi Category Security enforcement**：藉由設定 type enforcement，所有的容器程序將會執行為具有 svirt_lxc_net_t 標籤，而所有的內容均被標上 svirt_sandbox_file_t。然而，如果只是這樣設定，我們無法在不同容器之間進行保護，因為它們的標籤是相同的。

我們使用 **Multi Category Security（MCS）**enforcement 在不同容器之間進行保護，它是基於 **Multi Level Security（MLS）**。當啟動一個容器時，Docker daemon 選擇一個隨機的 MCS 標籤，例如，`s0:c41,c717`，然後把它和容器的中繼資料儲存在一起。當任一容器程序啟用時，Docker daemon 告訴 kernel 套用正確的 MCS 標籤。因為 MCS 標籤被儲存在中繼資料中，如果容器被啟動時，它就會得到相同的 MCS 標籤。

◉ 備妥

你將需要一個 Fedora/RHEL/CentOS 的主機並已安裝了最新版的 Docker，它是可以使用 Docker 客戶端連線得到的。

◉ 如何做

Fedora/RHEL/CentOS 預設把 SELinux 安裝為 enforcing mode，而 Docker daemon 一開始被設定為使用 SELinux。為了要檢查目前的狀態是否符合需求，請執行以下的步驟：

1. 執行以下的指令確保 SELinux 是在啟用的狀態：

```
$ sudo setenforce 1
$ getenforce
```

```
$ getenforce
Enforcing
$ █
```

如果前述的指令傳回 `Enforcing`，那表示沒問題。如果不是的話，就需要去變更及更新 SELinux 的組態檔案（`/etc/selinux/config`），並重啟系統。

2. Docker 應 該 被 以 **--selinux-enabled** 選 項 執 行 。 你 可 以 檢 查 Docker daemon 的 系 統 組 態 檔 （**/etc/docker/daemon.json**）。 同 時 ， 也 以 如 下 的 方 法 檢 查 是 否 能 依 照 我 們 的 想 法 啟 動 Docker 服 務 ：

```
$ cat /etc/docker/daemon.json
{ "selinux-enabled": true }
$
```

```
$ docker info
```

```
$ docker info
Containers: 1
 Running: 0
 Paused: 0
 Stopped: 1
Images: 1
Server Version: 18.06.0-ce
Storage Driver: overlay2
 Backing Filesystem: xfs
 Supports d_type: true
 Native Overlay Diff: true
Logging Driver: json-file
Cgroup Driver: cgroupfs
Plugins:
 Volume: local
 Network: bridge host macvlan null overlay
 Log: awslogs fluentd gcplogs gelf journald json-file logentries splunk syslog
Swarm: inactive
Runtimes: runc
Default Runtime: runc
Init Binary: docker-init
containerd version: d64c661f1d51c48782c9cec8fda7604785f93587
runc version: 69663f0bd4b60df09991c08812a60108003fa340
init version: fec3683
Security Options:
 seccomp
  Profile: default
 selinux
Kernel Version: 3.10.0-862.2.3.el7.x86_64
Operating System: CentOS Linux 7 (Core)
OSType: linux
Architecture: x86_64
```

前述的指令假設你並不是以手動的方式把 Docker 啟動為 daemon 模式。

讓我們在掛載一個主機目錄作為 volume 之後啟動一個容器（不要加上 privileged 選項），並試著建立一個檔案如下：

```
$ su - dockertest
Last login: Wed Aug  8 23:29:12 UTC 2018 on pts/0
[dockertest@dockerhost ~]$ mkdir -p ~/dir1
[dockertest@dockerhost ~]$ docker container run -it -v ~/dir1:/dir1 alpine ash
/ # touch /dir1/file1
touch: /dir1/file1: Permission denied
/ #
```

正如我們所預期的，看到了 **Permission denied** 訊息，因為容器處理程序具有 **svirt_lxc_net_t** 標籤，它不能夠在主機的檔案系統上建立檔案。如果看一下主機上的 SELinux log（**/var/log/audit/audit.log**），你將會看到類似下面所顯示的訊息：

```
type=AVC msg=audit(1533770986.198:176): avc:  denied  { write } for  pid=1954 comm="touch" name="dir1" dev="vdu1" ino=37749120 scontext=system_u:system_r:cont
ainer_t:s0:c24,c960 tcontext=unconfined_u:object_r:user_home_t:s0 tclass=dir
```

其中 **s0:c24,c960** 標籤是在容器上的 MCS 標籤。

◉ 如何辦到的

當正確的選項在 SELinux 以及 Docker 中進行設定之後，SELinux 會同時設定 Type 以及 Multi Category Security enforcement。之後 Linux kernel 就會強制執行這些 enforcements。

◉ 補充資訊

還有許多在 SELinux 上可以做的設定能讓系統更加地安全。底下列出了一些技巧：

- 如果 SELinux 是處於 enforcing mode，而 Docker daemon 被組態為使用 SELinux，如此我們就無法在容器中把主機系統關機了，以下是在本章前面做過的例子，但是這次就沒辦法在容器中順利執行 **shutdown** 指令：

```
$ getenforce
Enforcing
$ su - dockertest
Last login: Wed Aug  8 23:29:27 UTC 2018 on pts/0
[dockertest@dockerhost ~]$ docker container run -it -v /:/host alpine ash
/ # chroot /host
sh-4.2# shutdown
Failed to talk to shutdownd, proceeding with immediate shutdown: Permission denied
Failed to open /dev/initctl: Permission denied
Failed to talk to init daemon.
sh-4.2# █
```

- 在預設的情況下,所有的容器均會以 **svirt_lxc_net_t** 標籤執行,但是我們也可以依照需求調整 SELinux 的標籤。你可以前往以下網頁中的 Adjusting SELinux labels 段落瀏覽相關的資訊:

  http://opensource.com/business/15/3/docker-security-tuning

- 在 Docker 容器中設置 MLS 也是可行的。請前往 http://opensource. com/business/15/3/docker-security-tuning 網頁中瀏覽 Multi Level Security mode 段落以檢視詳細的資訊。

◉ 可參閱

SELinux Coloring Book 可以在這個網頁中找到:

https://people.redhat.com/duffy/selinux/selinux-coloring-book_A4-Stapled.pdf

當 SELinux ON 時,允許對從主機掛載的 volume 進行寫入操作

就如同我們在前面的訣竅中所說明的,當 SELinux 組態完成之後,一個不具有權限的容器是不能存取在從主機系統掛載目錄之後所建立的 volume。然而,有些時候可能需要允許從容器來存取它。在這個訣竅將要看看如何可以在這種情況下進行存取操作。

◉ 備妥

在這個訣竅中你將需要 Fedora/RHEL/CentOS 作業系統以及安裝最新版本的 Docker，同時也要確定可以從 Docker 客戶端進行連線。此外，SELinux 需要被設定為 enforcing，同時 Docker daemon 也被組態為使用 SELinux。

◉ 如何做

使用「z」或「Z」選項掛載 volume，如下所示：

```
$ docker container run -it -v /tmp:/tmp/host:z alpine ash
```

```
$ docker container run -it -v /tmp:/tmp/host:Z alpine ash
```

```
[dockertest@dockerhost ~]$ docker container run -it -v /tmp:/tmp/host:z alpine ash
/ # touch /tmp/host/file
/ # 
```

◉ 如何辦到的

當掛載 volume 時，Docker 會重新對 volume 做標籤以允許存取權。

「z」選項告訴 Docker，volume 內容將會在容器間共享。Docker 將會把這個內容標記為一個可共享的標籤。共享的 volume 標籤允許所有的容器可以讀寫它的內容。「Z」選項則告訴 Docker 要把這些內容標籤為私有未共享的標籤。私有 volume 只能被目前的容器所使用。

◉ 可參閱

請參考網頁中關於 Volume 段落的部份：

http://opensource.com/business/14/9/security-for-docker

移除 capabilities 以取消在容器中 root 使用者的權力

簡單地說，使用 capabilities 我們可以取消 root 使用者的權力。請注意以下來自於 capabilities 頁面的內容：

> 為了執行權限檢查的目的，傳統 *UNIX* 實作出區分兩種類別的處理程序：*privileged processes*（那些由使用者 *ID* 為 *0*，也就是超級使用者或 *root* 所執行的），以及 *unprivileged processes*（*UID* 不是 *0* 的使用者所執行的）。*privileged processes* 會略過所有的核心查驗，而 *unprivileged processes* 則是基於處理程序的識別資訊（通常是：*effective UID*、*effective GID*、以及 *supplementary group list*）使用全套的權限查驗。

從 kernel 2.2 開始，Linux 把原有和超級使用者結合的 privileges 區分成不同的單元，也就是所謂的 capabilities，它們可以被各自獨立地啟用或取消。capabilities 是一個以執行緒（thread）為單位的屬性。

以下是一些 capabilities 的例子：

- `CAP_SYSLOG`：用來修改 kernel printk 的行為

- `CAP_NET_ADMIN`：用來組態網路

- `CAP_SYS_ADMIN`：用來協助你取得所有的 capabilities

在 kernel 中只有 32 個 slot 可以用在 capabilities。其中一個 capability，`CAP_SYS_ADMIN`，可以擷取所有的 capabilities，當有任何疑問的時候就可以使用它。

Docker 有能力可以新增或移除一個容器的 capabilities。預設的情況下使用 `chown`、`dac_override`、`fowner`、`kill`、`setgid`、`setuid`、`setpcap`、`net_` bind_service、net_raw、sys_chroot、mknod、setfcap、以及 audit_write 這些 capabilities，而在預設的情況下，容器中被移除了以下的 capabilities：

- CAP_SETPCAP：用來修改處理程序的 capabilities

- CAP_SYS_MODULE：用來插入 / 移除 kernel 模組

- CAP_SYS_RAWIO：用來修改 Kernel Memory

- CAP_SYS_PACCT：用來組態處理程序的 accounting

- CAP_SYS_NICE：用來修改處理程序的優先權

- CAP_SYS_RESOURCE：用來覆寫 Resource Limits

- CAP_SYS_TIME：用來修改系統時鐘

- CAP_SYS_TTY_CONFIG：用來組態 tty 裝置

- CAP_AUDIT_WRITE：用來寫入稽核日誌

- CAP_AUDIT_CONTROL：用來寫入稽核子系統

- CAP_MAC_OVERRIDE：用來忽略 kernel MAC Policy

- CAP_MAC_ADMIN：用來組態 MAC Configuration

- CAP_SYSLOG：用來修改 kernel printk 行為

- CAP_NET_ADMIN：用來組態網路

- CAP_SYS_ADMIN：讓你可以捕捉所有的容器

我們需要非常注意所移除的 capabilities，否則應用程式可能會因為沒有足夠的 capabilities 而無法執行。要對一個容器加入及移除 capabilities，可以分別使用 --cap-add 以及 --cap-drop 選項。

⊙ 備妥

你需要一個具有最新版本 Docker 的主機，它可以被 Docker 客戶端順利連線。

⊙ 如何做

如果你想要使用 add-and-drop capability 功能，你需要知道如何使用它。以下為一些常用的使用案例：

1. 要移除 capabilities，請執行如下所示的指令：

```
$ docker container run --cap-drop <CAPABILITY> <image> <command>
```

2. 同樣地，要加入 capabilities，請執行如下指令：

```
$ docker container run --cap-add <CAPABILITY> <image> <command>
```

3. 要在容器中移除 setuid 以及 setgid capabilities 使那些設定了這些位元的二進位檔案無法執行，請執行如下指令：

```
$ docker container run -it --cap-drop setuid --cap-drop setgid
alpine ash
```

4. 要加入所有的 capabilities 然後只移除 sys_admin，請執行如下指令：

```
$ docker container run -it --cap-add all --cap-drop sys_admin
alpine ash
```

⊙ 如何辦到的

在啟動容器之前，Docker 會設置在容器內的 root 使用者的 capabilities，如此會影響在容器中處理程序的指令執行。

◉ 補充資訊

現在來重新檢視在本章一開始出現過的例子，本例在容器裡執行了系統關機的指令。請在主機系統上停用 SELinux，然而在啟動容器時，移除了 sys_choot capability 如下：

```
      $ docker container run -it --cap-drop sys_chroot -v /:/host alpine
ash
   $ chroot /host
```

```
[dockertest@dockerhost ~]$ docker container run -it --cap-drop sys_chroot -v /:/host alpine ash
/ # chroot /host
chroot: can't change root directory to '/host': Operation not permitted
/ # []
```

◉ 可參閱

- 可參考 Dan Walsh 的文章：

  http://opensource.com/business/14/9/security-for-docker

- 有一些嘗試透過選擇性地取消一些來自於容器處理程序的系統呼叫以提供更強健的安全性。請參考此篇文章中關於 Seccomp 的部份：

  http://opensource.com/business/15/3/docker-security-future

- 類似於自訂 namespace 以及 capabilities，Docker 執行支援 --cgroup-parent 旗標以傳遞一個指定的 Cgroup 到執行中的容器。請參閱本篇文章：

  https://docs.docker.com/engine/reference/commandline/run/#options

在主機和容器間共享命名空間

正如我們所知道的，當啟動一個容器時，預設的情況下，Docker 會為容器建立 6 個不同的命名空間：Process、Network、Mount、Hostname、Shared Memory、以及 User。在某些情況下，我們可能想要在兩個或多個容器間共享命名空間。例如，在 Kubernetes，所有在同一個 pod 中的容器會共享 network 命名空間。

有一些情況是，我們可能會想要在主機系統與容器間共享命名空間。例如，我們共享主機和容器之間的網路命名空間以在容器內取得網路線的速度。在這個訣竅中將會看到如何在主機和容器之間共享命名空間。

◉ 備妥

你需要安裝最新版本 Docker 的主機，同時也要能夠從 Docker 客戶端進行連線。

◉ 如何做

請依照以下的步驟進行：

1. 要在容器間共享網路命名空間，請執行以下的指令：

```
$ docker container run -it --net=host alpine ash
```

如果你想要在容器中檢視網路相關資訊，請執行以下的指令：

```
$ ip a
```

```
$ docker container run -it --net=host alpine ash
/ # ip a
1: lo: <LOOPBACK,UP,LOWER_UP> mtu 65536 qdisc noqueue state UNKNOWN qlen 1000
    link/loopback 00:00:00:00:00:00 brd 00:00:00:00:00:00
    inet 127.0.0.1/8 scope host lo
       valid_lft forever preferred_lft forever
    inet6 ::1/128 scope host
       valid_lft forever preferred_lft forever
2: eth0: <BROADCAST,MULTICAST,UP,LOWER_UP> mtu 1500 qdisc pfifo_fast state UP qlen 1000
    link/ether 62:76:7d:57:62:36 brd ff:ff:ff:ff:ff:ff
    inet 142.93.50.102/20 brd 142.93.63.255 scope global eth0
       valid_lft forever preferred_lft forever
    inet 10.10.0.6/16 brd 10.10.255.255 scope global eth0
       valid_lft forever preferred_lft forever
    inet6 2604:a880:400:d1::830:4001/64 scope global
       valid_lft forever preferred_lft forever
    inet6 fe80::6076:7dff:fe57:6236/64 scope link
       valid_lft forever preferred_lft forever
3: eth1: <BROADCAST,MULTICAST,UP,LOWER_UP> mtu 1500 qdisc pfifo_fast state UP qlen 1000
    link/ether 12:7d:66:72:d0:3c brd ff:ff:ff:ff:ff:ff
    inet 10.136.88.117/16 brd 10.136.255.255 scope global eth1
       valid_lft forever preferred_lft forever
    inet6 fe80::107d:66ff:fe72:d03c/64 scope link
       valid_lft forever preferred_lft forever
4: docker0: <NO-CARRIER,BROADCAST,MULTICAST,UP> mtu 1500 qdisc noqueue state DOWN
    link/ether 02:42:12:08:8d:83 brd ff:ff:ff:ff:ff:ff
    inet 172.17.0.1/16 brd 172.17.255.255 scope global docker0
       valid_lft forever preferred_lft forever
    inet6 fe80::42:12ff:fe08:8d83/64 scope link
       valid_lft forever preferred_lft forever
/ #
```

你將可以在主機上看到相同的資訊：

```
$ ip a
1: lo: <LOOPBACK,UP,LOWER_UP> mtu 65536 qdisc noqueue state UNKNOWN group default qlen 1000
    link/loopback 00:00:00:00:00:00 brd 00:00:00:00:00:00
    inet 127.0.0.1/8 scope host lo
       valid_lft forever preferred_lft forever
    inet6 ::1/128 scope host
       valid_lft forever preferred_lft forever
2: eth0: <BROADCAST,MULTICAST,UP,LOWER_UP> mtu 1500 qdisc pfifo_fast state UP group default qlen 1000
    link/ether 62:76:7d:57:62:36 brd ff:ff:ff:ff:ff:ff
    inet 142.93.50.102/20 brd 142.93.63.255 scope global eth0
       valid_lft forever preferred_lft forever
    inet 10.10.0.6/16 brd 10.10.255.255 scope global eth0
       valid_lft forever preferred_lft forever
    inet6 2604:a880:400:d1::830:4001/64 scope global
       valid_lft forever preferred_lft forever
    inet6 fe80::6076:7dff:fe57:6236/64 scope link
       valid_lft forever preferred_lft forever
3: eth1: <BROADCAST,MULTICAST,UP,LOWER_UP> mtu 1500 qdisc pfifo_fast state UP group default qlen 1000
    link/ether 12:7d:66:72:d0:3c brd ff:ff:ff:ff:ff:ff
    inet 10.136.88.117/16 brd 10.136.255.255 scope global eth1
       valid_lft forever preferred_lft forever
    inet6 fe80::107d:66ff:fe72:d03c/64 scope link
       valid_lft forever preferred_lft forever
4: docker0: <NO-CARRIER,BROADCAST,MULTICAST,UP> mtu 1500 qdisc noqueue state DOWN group default
    link/ether 02:42:12:08:8d:83 brd ff:ff:ff:ff:ff:ff
    inet 172.17.0.1/16 brd 172.17.255.255 scope global docker0
       valid_lft forever preferred_lft forever
    inet6 fe80::42:12ff:fe08:8d83/64 scope link
       valid_lft forever preferred_lft forever
$ █
```

2. 要與容器共享主機網路 PID 和 IPC 命名空間，請執行以下的指令：

```
$ docker container run -it --net=host --pid=host --ipc=host alpine
ash
```

```
$ docker container run -it --net=host --pid=host --ipc=host alpine ash
/ # ps aux
PID   USER     TIME   COMMAND
    1 root     0:02 /usr/lib/systemd/systemd --switched-root --system --deserialize 21
    2 root     0:00 [kthreadd]
    3 root     0:00 [ksoftirqd/0]
    5 root     0:00 [kworker/0:0H]
    6 root     0:00 [kworker/u4:0]
    7 root     0:00 [migration/0]
```

◉ 如何辦到的

當把這些參數傳遞給容器時，Docker 就不會為容器建立分隔的命名空間。

求助、要訣和技巧

本章涵蓋以下主題

- 把 Docker 啟動在偵錯模式

- 從原始碼建立 Docker 二進位執行檔

- 不使用 cached layers 建置映像檔

- 為容器間的通訊建立自己的 bridge

- 變更預設的 OCI 執行期

- 為容器選用 logging driver

- 為容器取得即時 Docker 事件

簡介

現在我們將學習更多有關於 Docker 的細節。郵件討論串以及 IRC 頻道是求助、學習、以及分享關於 Docker 知識的好地方。Docker 在 freenode.net 有一些 IRC 頻道，例如 #docker 以及 #docker-dev 分別針對一般性的討論以及和開發相關（dev-related）議題的討論。如果你比較喜歡使用 Slack 勝過 IRC，也有一個 Slack 社群，你可以在這裡註冊：

https://community.docker.com/network-groups

當在工作上使用 Docker 之後，如果發現任何的程式臭蟲，你可以在 GitHub 上的 https://github.com/moby/moby/issues 上進行回報。相同地，如果你已經修復了一個臭蟲，也可以傳送一個 pull request，它將會被審核並被合併到原始程式碼中。

Docker 也有一個討論區和一個 Youtube 頻道，都是一個非常棒的學習資源，網址分別位於 https://forums.docker.com 以及 https://www.youtube.com/user/dockerrun。

世界上有許多的 Docker meetup groups，你可以認識許多有著相同興趣的人們以分享及學習大家的使用經驗，網址在：

https://events.docker.com/chapters/

在本章中將會藉由執行一些要訣和技巧，讓你可以在使用 Docker 上更加地順手。

把 Docker 啟動在偵錯模式

我們可以把 Docker 啟動在偵錯模式以偵錯它的日誌。

◉ 備妥

我希望你已經在你的系統中安裝好 Docker 了。

◉ 如何做

請依照以下的步驟進行:

1. 使用偵錯參數 -D 啟動 Docker daemon。請進入指令行,然後執行以下的指令:

```
$ dockerd -D
```

2. 你也可以在 Docker 的組態檔中加上偵錯選項,以讓 Docker 使用偵錯模式啟動:

```
    $ cat /etc/docker/daemon.json
{ "debug": true }
```

◉ 如何辦到的

前面的指令可以讓 Docker 啟動在 daemon 模式。當你啟動這個 daemon 時,將會看到許多有用的訊息,例如載入已存在的映像檔、設置防火牆(iptables)等等。如果你啟動了一個容器,將會看到如下所示的訊息:

```
$ docker container run alpine echo "hello world"
```

在 Ubuntu 18.04 中，Docker daemon 的日誌資料可以使用以下的指令進行
檢視：

```
$ journalctl -u docker.service
```

 如果你使用的不是 Ubuntu 18.04，你的 Docker 日誌可能會被放
在其他的地方。請參考這個網頁上的說明，看看可以在哪裡找到
這些日誌：https://docs.docker.com/config/daemon/#read-the-
logs。

```
[info] POST /v1.30/containers/create
[99430521] +job create()
......
......
```

在前面的這個日誌片段中，可以看到為了要建立一個新容器，所使用來自
於 Docker 客戶端到 Docker daemon 的 API 要求。如果有些地方不能正確地
運作，檢視這些日誌是找出引發問題癥結點相關訊息的好方法。

◉ 可參閱

你可以檢視 Docker daemon 系統組態的說明文件以取得更多的資訊：

https://docs.docker.com/config/daemon/

 ## 從原始碼建立 Docker 二進位執行檔　　■■■

最近 Docker 重新組織了 Docker Engine 並把它區分成許多不同的部份。主要
的部份包括 runC（https://github.com/opencontainers/runc）、containerD
（https://containerd.io）、以及 Moby（https://mobyproject.org）。其中
的一些專案已由其他組織志願維護。Docker 這個產品，目前是由這些不同
的專案所組成的。

有時候，透過原始碼建置一個 Docker 二進位檔案用來測試一個修補是必要的。從原始碼建立一個 Docker 二進位檔案非常簡單，你需要從 Moby 專案中取得原始程式碼。請依照以下的步驟來建立你自己的二進位檔案。

◉ 備妥

請依照以下的步驟來準備環境：

1. 使用 Git 從 Moby 下載原始碼，指令碼如下：

```
$ git clone https://github.com/moby/moby.git
```

2. 在 Ubuntu 上安裝 make，如下：

```
$ apt-get install -y make
```

3. 請確定 Docker 在主機上正確地執行，且可以被 Docker 客戶端順利連線，因為我們所討論的建置過程是在容器中進行的。

◉ 如何做

請依照以下的步驟執行：

1. 前往剛剛複製下來的目錄：

```
$ cd moby
```

2. 執行 make 指令：

```
$ sudo make
```

 這個作業需要一些時間而且需要超過 1 GB 的記憶體。如果你沒有給足夠的資源，建置作業可能會失敗。

◉ 如何辦到的

此項操作將會建立一個容器並在其中編譯來自於主分支的程式碼。一旦完成之後，它會在 bundles/binary-daemon/ 目錄中產出一些二進位檔案。

◉ 補充資訊

你也可以使用以下的指令執行測試：

```
$ sudo make test
```

◉ 可參閱

你可以檢視 Moby 網站上的說明文件以取得更多的資訊：

https://github.com/moby/moby/blob/master/docs/contributing/set-up-dev-env.md

 # 不使用 cached layers 建置映像檔

在預設的情況下，當建立一個映像檔時，Docker 將會試著去使用快取中的層（cached layers）縮短建置的時間。然而，有時候是需要從無到有完成建置作業的。例如，你需要強制一個系統的更新作業，例如 yum -y update。讓我們在這個訣竅中看看可以怎麼做。

◉ 備妥

取得一個用來建置映像檔的 Dockerfile。在本例中，我們使用以下的 Dockerfile，它會在 Alpine Linux 容器中安裝 nginx 網頁伺服器：

```
FROM alpine:3.8
RUN apk add --update nginx && mkdir /tmp/nginx && rm -rf /var/cache/apk/*
EXPOSE 80 443
CMD ["nginx", "-g", "daemon off;"]
```

◉ 如何做

當在建立映像檔時，請加上 -no-cache 選項如下：

```
$ docker image build -t test --no-cache - < Dockerfile
```

```
$ docker image build -t test --no-cache - < Dockerfile
Sending build context to Docker daemon  2.048kB
Step 1/4 : FROM alpine:3.8
3.8: Pulling from library/alpine
Digest: sha256:7043076348bf5040220df6ad703798fd8593a0918d06d3ce30c6c93be117e430
Status: Downloaded newer image for alpine:3.8
 ---> 11cd0b38bc3c
Step 2/4 : RUN apk add --update nginx && mkdir /tmp/nginx && rm -rf /var/cache/apk/*
 ---> Running in aed60e02dd48
fetch http://dl-cdn.alpinelinux.org/alpine/v3.8/main/x86_64/APKINDEX.tar.gz
fetch http://dl-cdn.alpinelinux.org/alpine/v3.8/community/x86_64/APKINDEX.tar.gz
(1/2) Installing pcre (8.42-r0)
(2/2) Installing nginx (1.14.0-r0)
Executing nginx-1.14.0-r0.pre-install
Executing busybox-1.28.4-r0.trigger
OK: 6 MiB in 15 packages
Removing intermediate container aed60e02dd48
 ---> 930dab5e1b0f
Step 3/4 : EXPOSE 80 443
 ---> Running in c123bae74387
Removing intermediate container c123bae74387
 ---> f6f527edd3c6
Step 4/4 : CMD ["nginx", "-g", "daemon off;"]
 ---> Running in c60ca60c1a31
Removing intermediate container c60ca60c1a31
 ---> 9600d5d4de99
Successfully built 9600d5d4de99
Successfully tagged test:latest
$ ▮
```

◉ 如何辦到的

--no-cache 選項將會丟棄所有的快取層，然後依照 Dockerfile 的指令從無到有建立出映像檔。

◉ 補充資訊

有時候也想要在建立一些指令之後再丟棄快取。在此種情況中，我們可以加上任意的指令而不會影響到這個映像檔，例如建立（creation）或是設置一個環境變數。

為容器間的通訊建立自己的 bridge　■■■

正如同我們已經知道的，當 Docker daemon 啟動時，它建立了一個 bridge 叫做 docker0，所有的容器會從這裡取得 IP。有時候，你可能會想要讓一些容器使用一個不同的 bridge，現在讓我們來看看如何辦到。

◉ 備妥

假設你已經設置好 Docker 了。

◉ 如何做

請依照以下的步驟進行：

1. 建立一個新的自訂 bridge，命名為 br0：

```
$ docker network create br0 --subnet 192.168.2.1/24
```

2. 確認網路已被建立：

```
$ docker network ls
```

```
$ docker network create br0 --subnet 192.168.2.1/24
2b71d6a0c30db214f19aa76689cec7e8f88db757de3cc9c0a13e86c37e007c66
$ docker network ls
NETWORK ID        NAME              DRIVER            SCOPE
2b71d6a0c30d      br0               bridge            local
1f9fc8d936ef      bridge            bridge            local
6560643ea42e      host              host              local
c9141523dbb8      none              null              local
$ []
```

3. 使用新的網路啟動容器，並確定它使用的是正確的子網路：

```
$ docker container run -d --network br0 --name br0demo redis
$ docker container inspect br0demo
```

```
"Networks": {
    "br0": {
        "IPAMConfig": null,
        "Links": null,
        "Aliases": [
            "4da0c12e7ba2"
        ],
        "NetworkID": "2b71d6a0c30db214f19aa76689cec7e8f88db757de3cc9c0a13e86c37e007c66",
        "EndpointID": "c40ffcd2d20719bfd6205ee7dadef7c46ae38a5c312962d49d78890216f524f2",
        "Gateway": "192.168.2.1",
        "IPAddress": "192.168.2.2",
        "IPPrefixLen": 24,
        "IPv6Gateway": "",
        "GlobalIPv6Address": "",
        "GlobalIPv6PrefixLen": 0,
        "MacAddress": "02:42:c0:a8:02:02",
        "DriverOpts": null
    }
}
```

◉ 如何辦到的

前面的步驟將會建立一個新的 bridge，而且它會從 192.168.2.0 子網路中指定 IP 給任一個被分派到這個網路的容器。

◉ 補充資訊

如果你不再需要這個網路，可以使用以下的指令移除它：

```
$ docker network rm br0
```

◉ 可參閱

你可以檢視 Docker 網站上的說明文件以取得更多的資訊：

https://docs.docker.com/network/

變更預設的 OCI 執行期 ....

Docker daemon 依賴於一個 OCI 相容的執行環境以和 Linux 核心溝通。預設的情況下，Docker 使用 runC，但是如果需要的話，你可以切換到任一個與 OCI 相容的執行環境。在這個訣竅中將會展示如何變更執行環境到另外一個 OCI 相容的執行期，也就是 Intel Clear Containers。

◎ 備妥

請把 Docker 安裝在 Ubuntu 16.04.5 上。

再來請使用以下的指令安裝 Intel Clear Containers 3.0 元件：

```
$ sudo sh -c "echo 'deb
http://download.opensuse.org/repositories/home:/clearcontainers:/clear-cont
ainers-3/xUbuntu_$(lsb_release -rs)/ /' >> /etc/apt/sources.list.d/clear
containers.list"
$ wget -qO -
http://download.opensuse.org/repositories/home:/clearcontainers:/clear-cont
ainers-3/xUbuntu_$(lsb_release -rs)/Release.key | sudo apt-key add -
$ sudo -E apt-get update
$ sudo -E apt-get -y install cc-runtime cc-proxy cc-shim
```

Intel Clear containers 並沒有辦法在所有的機器上執行，它只能夠在 KVM 啟用的機器上。這表示，你在 VirtualBox 中啟用的 VM 是無法執行的。在進行這個訣竅之前，請確定你的系統需求是否能夠相容：**https://github. com/clearcontainers/runtime**。也可以執行以下的指令檢查你的系統是否能夠執行：

```
$ cc-runtime cc-check
```

◉ 如何做

請依照以下的步驟進行：

1. 變更 Docker daemon 的組態檔案（`/etc/docker/daemon.json`），讓 Clear Conatiners 成為預設的 runtime：

```
{
  "default-runtime": "cc-runtime",
  "runtimes": {
    "cc-runtime": {
      "path": "/usr/bin/cc-runtime"
    }
  }
}
```

2. 重新載入 Docker daemon，並重新啟動它：

```
$ systemctl daemon-reload
 $ systemctl restart docker
```

3. 使用 Intel Clear Containers 啟動容器：

```
$ docker container run -it busybox sh
```

◉ 如何辦到的

Docker 使用 `runC` 去存取核心功能像是命名空間以及 CGroups 以執行容器。我們從 `runC` 切換到另外一個 OCI 相容的執行環境，也就是 Intel Clear Containers。

◉ 可參閱

你可以檢視 Docker 網站上的說明文件以取得更多的資訊：

https://docs.docker.com/engine/reference/commandline/
dockerd/#docker-runtime-execution-options

為容器選用 logging driver

Docker 允許我們在啟動 Docker daemon 時選用 logging driver。在 Docker 18.03 版中，支援了 11 種 logging drivers：

Driver	說明
None	不為容器指定日誌，所以 docker 容器就不會有任何的輸出。
json-file（預設值）	JSON 格式的日誌。
syslog	在主機的 syslog daemon 中寫入日誌訊息。
journald	在主機的 journald daemon 中寫入日誌訊息。
gelf	把日誌寫到 **Graylog Extended Log Format（GELF）** 末端，例如 Graylog 或是 Logstash。
fluentd	在主機中把日誌寫到 fluentd daemon。
awslogs	把日誌寫到 Amazon CloudWatch Logs。
splunk	使用 HTTP Event Collector 把日誌寫到 splunk。
etwlogs	把日誌訊息作為 **Event Tracing for Windows（ETW）** 事件（只適用於 Windows）。
gcplogs	把日誌訊息寫到 **Google Cloud Platform（GCP）** logging 中。
logentries	把日誌訊息寫到 Rapid7 log 項目。

◉ 備妥

請把 Docker 安裝到系統中。

⊙ 如何做

請依照以下的步驟進行：

1. 如下所示，在 Docker daemon 啟動時選用想要使用的 logging driver：

    ```
    $ dockerd --log-driver=none
    $ dockerd --log-driver=syslog
    ```

    你也可以把這個選項加入到 Docker 的系統配置檔案中

    （/etc/docker/daemon.json）：

    ```
    {
      "log-driver": "json-file",
      "log-opts": {
        "labels": "production_status",
        "env": "os,customer"
      }
    }
    ```

2. 如果你想要在啟動容器時使用和系統預設值不同的 logging driver，可
    以使用 --log-driver 選項，如下所示：

    ```
    $ docker container run -it --log-driver syslog alpine ash
    ```

⊙ 如何辦到的

視你所選用的 log driver 組態而定，Docker daemon 會選用指定的 logging
driver。

⊙ 補充資訊

docker logs 指令只可以在這兩個 driver 下使用：json-file 以及 journald。

◎ 可參閱

你可以檢視 Docker 網站上的說明文件以取得更多的資訊：

https://docs.docker.com/config/containers/logging/configure/

 ## 為容器取得即時 Docker 事件

在產品階段會執行很多容器，如果可以即時觀察容器的事件，在監控以及偵錯上非常有幫助。Docker 容器可以回報的事件像是 **create**、**destroy**、**die**、**export**、**kill**、**oom**、**pause**、**restart**、**start**、**stop**、以及 **unpause**。在這個訣竅中將會看到如何啟用 event logging 並使用過濾器去選用特定的事件型態、映像檔、以及容器。

◎ 備妥

請確定你的 Docker daemon 正確地在系統上執行，而且可以從 Docker 客戶端中順利地連線。

◎ 如何做

請依照以下的步驟進行：

1. 使用以下的指令啟動 Docker 事件日誌（events logging）：

   ```
   $ docker events
   ```

2. 從另外一個終端機，執行容器和映像檔相關的操作，然後將會在第一個終端機中看到如下所示的畫面：

```
$ docker events
2018-08-04T13:33:09.670533800-04:00 container create 1fc6dac800fbad2c7a1418bd13711283aaa90aed88f17b2710c6708f742afa3c (image=alpine, name=inspiring_lovelace)
2018-08-04T13:33:09.712915400-04:00 container attach 1fc6dac800fbad2c7a1418bd13711283aaa90aed88f17b2710c6708f742afa3c (image=alpine, name=inspiring_lovelace)
2018-08-04T13:33:10.026735400-04:00 network connect ac814b252e0ecf3daefc4360d64f950845c16ea69030992bb15e971a19afaa5f (container=1fc6dac800fbad2c7a1418bd1371128
3aaa90aed88f17b2710c6708f742afa3c, name=bridge, type=bridge)
2018-08-04T13:33:12.109918900-04:00 container start 1fc6dac800fbad2c7a1418bd13711283aaa90aed88f17b2710c6708f742afa3c (image=alpine, name=inspiring_lovelace)
2018-08-04T13:33:12.130098000-04:00 container resize 1fc6dac800fbad2c7a1418bd13711283aaa90aed88f17b2710c6708f742afa3c (height=25, image=alpine, name=inspiring_
lovelace, width=80)
2018-08-04T13:34:05.617524200-04:00 container die 1fc6dac800fbad2c7a1418bd13711283aaa90aed88f17b2710c6708f742afa3c (exitCode=0, image=alpine, name=inspiring_lo
velace)
2018-08-04T13:34:05.889969700-04:00 network disconnect ac814b252e0ecf3daefc4360d64f950845c16ea69030992bb15e971a19afaa5f (container=1fc6dac800fbad2c7a1418bd1371
1283aaa90aed88f17b2710c6708f742afa3c, name=bridge, type=bridge)
```

在事件收集開始之後，我建立了一個容器且只是寫了一個訊息到控制台。
就如同在前面的螢幕截圖中所看到的，一個容器被建立（create）、啟動
（start）、然後終止（die）。

◉ 如何辦到的

當啟用了 Docker events 之後，Docker 就會開始列出所有事件。

◉ 補充資訊

你可以使用 --since 或是 --until 選項來選擇一個時間段，讓 Docker 事件
可以呈現少一些：

```
--since=""    自某一指定的時間之後顯示所有的事件
--until=""    顯示所有的事件直到指定的時間為止
```

可參考以下的例子：

```
$ docker events --since '2015-01-01'
```

在過濾器的部份，可以更進一步地依事件、容器、映像檔等來聚焦這些事
件日誌：

- 只列出 start 事件，請使用以下的指令：

  ```
  $ docker events --filter 'event=start'
  ```

- 只列出從 Alpine 映像檔來的事件，請使用以下的指令：

```
$ docker events --filter 'image=alpine:3.5'
```

- 只列出來自於某個特定的容器之事件，請使用以下的指令：

```
$ docker events --filter 'container=b3619441cb444b87b4'
```

在事件格式的部份，我們可以控制事件訊息的輸出格式。

- 只顯示事件的一些資訊，你可以使用以下的指令變更輸出格式：

```
$ docker events --format 'ID={{.ID }} Type={{.Type}} Status=
{{.Status}}'
```

- 如果你想要讓事件可以被串流為正確的 JSON 線，你可以使用以下的指令：

```
$ docker events --format '{{json .}}'
```

◉ 可參閱

和 Docker events 相關的說明文件，請參考這個網址：

https://docs.docker.com/engine/reference/commandline/events/

雲端上的 Docker

本章涵蓋以下主題

- Docker for AWS

- 在 Docker for AWS 上部署 WordPress

- Docker for Azure

- 在 Docker for Azure 上部署 Joomla!

簡介

在前面的章節中，我們討論了許多在單一主機上使用 Docker 的主題，而在第 8 章「*Docker 的協作以及組織一個平台*」中，我們甚至討論到關於如何在多個主機中進行協作。這些年來運用 Docker 其中一個最受歡迎的方式是在雲端環境中的應用。已經有非常多受歡迎的雲端平台可以使用，而在雲端平台上建置 Docker 並執行，每一個平台上都有一些不同的方式。為了讓步驟簡單一些，Docker 提供了兩個新的產品：Docker for AWS 以及 Docker for Azure。

這些產品的目標是提供一個啟始環境，讓你的 Docker 環境更易於使用。每一個產品都使用雲端平台的原生工具去建置 Docker Swarm cluster。你應該能夠在短短的幾分鐘之內就從無到有建立出完整的 cluster。一旦 cluster 已經建置並啟動完畢之後，就和其他 Swarm cluster 一樣，可以使用之前學習過同樣的 Docker 工具來管理它。

在本章中，我們將學習如何去設置 Docker for AWS 以及 Docker for Azure，然後分別使用它們來部署應用程式。

Docker for AWS

Amazon Web Services（AWS）是現今最大也是最受歡迎的平台。AWS 提供一些不同的方式可以在他們的雲端上執行工作負載。你可以使用 Elastic Beanstalk、**Elastic Container Service（ECS）**、或 **Elastic Container Service for Kubernetes（EKS）**。這些產品每一種都有不同的功能讓你可以做許多事。這些產品都不是 Docker 原生的，為了要讓你的 Docker 可以順利地啟用並執行，還需要去學習一些新的工具組以及程式庫。

Docker for AWS 使用和這些產品所使用的相同的雲端原生工具，但是提供了更接近 Docker 原生的使用體驗。一旦 Docker for AWS 設置完成，你可以使用之前就已經使用過的相同 Docker 工具和 API 把你的工作負載部署到 AWS。

◉ 備妥

在我們能夠安裝 Docker for AWS 之前，需要確定能夠滿足以下先備條件：

* 你需要一個活躍的 AWS 帳戶，不論是用來登入主控台的存取，或是使用 API key 去進行 CLI/API 呼叫。

* 你的帳戶需要成為管理帳號，或是此帳戶具有正確的 IAM 權限。

> 所有的權限列表，請參考這個說明文件：
> https://docs.docker.com/docker-for-aws/iam-permissions/

* 你需要建立 SSH keys，並把它們加入到 AWS 的帳戶中。

> 你可以檢視 Amazon 的說明文件以取得更多的資訊：
> https://docs.aws.amazon.com/AWSEC2/latest/UserGuide/ec2-
> key-pairs.html

◉ 如何做

Docker for AWS 使用 CloudFormation 來建立以及組態你的 Swarm cluster。有兩種方式可以部署一個 CloudFormation stack：你可以透過 AWS 網頁主控台，或是 AWS Command Line Interface（CLI，指令列介面）。使用網頁主控台比較易於啟用並執行，因為所有需要的作業都呈現在網頁表單上。如果你並不太熟悉 CloudFormation，我推薦你使用這種方式，這也是接下來要示範的方式。

我們將會部署最新的穩定版本，然後讓 Docker for AWS 建立一個新的 **Virtual Private Cloud（VPC）**。也有另外一種可以把它安裝到現有 VPC 的方式，但是這已經超出了本訣竅所討論的範圍。

1. 登入到 AWS 主控台，然後前往 CloudFormation 的部份。接著，請點擊「**Create new stack**」按鈕：

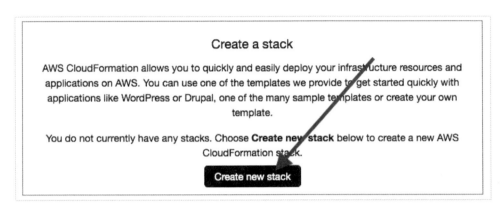

2. 在「**Choose a template**」之下，請選擇「**Specify an Amazon S3 template URL**」按鈕，輸入以下的 URL，再按下點擊「**Next**」按鈕：

   `https://editions-us-east-1.s3.amazonaws.com/aws/stable/Docker.tmpl`

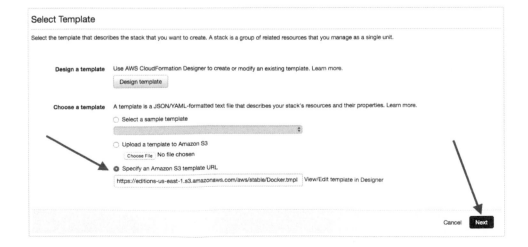

3. 填妥如下所示的表單，你可以自行修改，也可以直接使用預設值。

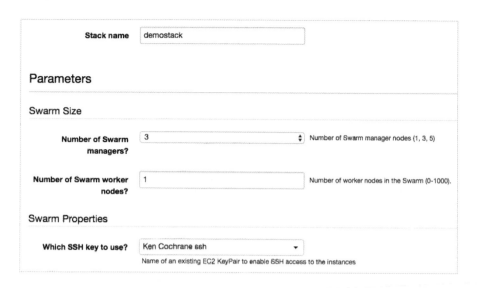

4. 點擊「Next」按鈕。

5. 如果你想要增加可選用的標籤，請加入任何你想要的字詞，再點擊「Next」按鈕；

6. 請點擊「**I acknowledge that AWS CloudFormation might create IAM resources**」核取方塊,然後點擊「**Create**」按鈕:

7. 建立你的 stack 需要花上幾分鐘的時間,當完成之後,你應該前往「**Outputs**」頁籤,然後點擊在「**Managers**」旁邊的連結:

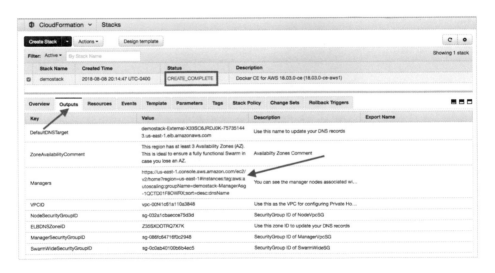

8. 請為每一個 manager 各選用一個 Public IP 位址:

利用 SSH 連線到其中一個 manager nodes，如下所示：

```
$ ssh docker@52.201.109.15
$ docker node ls
```

```
$ ssh docker@52.201.109.15
The authenticity of host '52.201.109.15 (52.201.109.15)' can't be established.
ECDSA key fingerprint is SHA256:BXCdWi8K3i/YmBJfR17565905ZCvukie3wboKcbRz6A.
Are you sure you want to continue connecting (yes/no)? yes
Warning: Permanently added '52.201.109.15' (ECDSA) to the list of known hosts.
Welcome to Docker!
~ $ docker node ls
ID                            HOSTNAME                   STATUS    AVAILABILITY    MANAGER STATUS    ENGINE VERSION
hx1thjnat3a6m55sc6quol6no     ip-172-31-11-161.ec2.internal    Ready    Active          Leader            18.03.0-ce
lwo3nj1ox73yqjrucvoncwnac     ip-172-31-30-8.ec2.internal      Ready    Active          Reachable         18.03.0-ce
wjtswqd3zjc2zeyn0gjd8cma1     ip-172-31-41-4.ec2.internal      Ready    Active                            18.03.0-ce
oprrgs8yr7a3z80aojjnk37il *   ip-172-31-42-126.ec2.internal    Ready    Active          Reachable         18.03.0-ce
~ $
```

 當你以 SSH 連線進入 swarm manager 之後，你並不是真的直接登入到 EC2 主機目錄——你登入的是一個特殊的 SSH 容器，這是一個在那台主機上執行中的容器。

至此，Docker for AWS 已經準備好可以使用了。

◉ 如何辦到的

CloudFormation 會從我們提供的表格中取得資訊，然後建立一個新的 **Virtual Private Cloud（VPC）**、子網路、網際網路閘道、路由表、安全性群組、**Elastic Load Balancer（ELB）**、以及兩個 EC2 AutoScaling Groups（ASG）——其中一個 ASG 用於 managers 而另外一個用於 workers。在 manager ASG 中的管理節點（manager node）將會建立一個新的 EC2 執行實例並把 Docker 安裝在其中。管理者執行實例將會建立一個新的 Docker Swarm 並加在一起以組成一個管理者團隊。

一旦管理者節點已經完成建置並啟用之後，worker ASG 將會啟動具備 Docker 的工作者 EC2 執行實例，它們將會被加入到相同的 Swarm 然後啟動之後並開始接受工作。在所有的這些步驟都完成了之後，Swarm 就算是備妥了。

⊙ 補充資訊

讓 Docker for AWS 完成建置與執行算是才做到一半而已。現在，它已經在執行了，你需要開始在上面部署一個應用程式，這是我們在下一個訣竅中要介紹的。而在此時，有一些通用的工作你應該要先知道如何做：

- **擴展更多的工作者**：如果你想要變更在 Swarm cluster 中工作者的數量，你可以透過更新 CloudFormation stack 來做到。

請前往 CloudFormation 管理頁面，點擊想要變更的 stack 後面的核取方塊。然後，請點擊在最上方的「**Actions**」按鈕，並選擇「**Update Stack**」：

選擇「**Use current template**」，然後點擊「**Next**」按鈕：

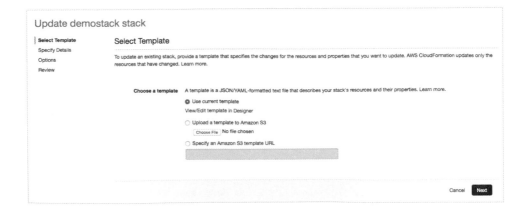

填入你在之前指定過的相同參數，但是這一次，變更你想要使用的 worker
數目，再點擊「**Next**」按鈕：

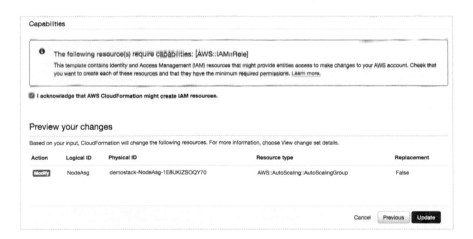

在最後一頁，它將會讓你預覽所做的變更。如果看起來沒問題，請選擇核
取方塊，再點擊「**Update**」按鈕：

然後 CloudFormation 將會更新 worker ASG 設定，並正確地擴展 worker
nodes 的數量。要確認數量是否已經成功地加入到 Swarm，你可以登入
Manager 節點，然後執行以下的指令：

```
$ docker node ls
```

刪除 Stack：前往 CloudFormation 管理網頁並選取在你想要刪除的 stack 旁的核取方塊，然後點擊上方的「**Actions**」按鈕，並選擇「**Delete Stack**」：

CloudFormation 就會移除在你的 stack 中所有的項目，包括之前在你的 Swarm 中執行的任何服務。

◎ 可參閱

- Docker for AWS 說明文件：

  https://docs.docker.com/docker-for-aws/

- 如何升級 Docker for AWS：

  https://docs.docker.com/docker-for-aws/upgrade/

- 使用永久性的資料儲存：

  https://docs.docker.com/docker-for-aws/persistent-data-volumes/

 在 Docker for AWS 上部署 WordPress ■■■

現在你已經有一個啟用完成的 Docker for AWS 安裝設置了，讓我們來看看如何在上面部署一個應用程式。這個訣竅將會在 Docker for AWS 上安裝 WordPress。

◉ 備妥

在我們開始之前，你需要確保你已滿足所有的基本要求：

1. 你需要完成前面的訣竅，確定你的 Docker for AWS stack 已完成建置並執行。

2. 使用 SSH 連線到 manager nodes。在前一個訣竅中有說明如何進行 SSH 連線。

◉ 如何做

一旦我們登入其中一個 manager node，第一件要做的事就是建立一些 swarm secret 作為資料庫的密碼：

```
$ echo "myDbP@SSwods" | docker secret create root_db_password -
$ echo "myWpressPw" | docker secret create wp_db_password -
```

```
~ $ echo "myDbP@SSwods" | docker secret create root_db_password -
z4rtlgpntaju01hyon215nvzf
~ $ echo "myWpressPw" | docker secret create wp_db_password -
3vrxepwrp8vpsi7fmxnryhqks
~ $ ▌
```

我們也需要建立一個覆疊的網路，讓服務可以和其他人互通：

```
$ docker network create -d overlay wp
```

```
~ $ docker network create -d overlay wp
vcwua4p12wrj1r2k73uo0wgq5
~ $ ▌
```

接下來要建立 MariaDB 資料庫服務，這是 WordPress 所需要使用的；我們將會使用前面所建立的 secrets 以及網路。接著，檢查服務的狀態以確保它們已經被正確地啟用：

```
$ docker service create \
    --name mariadb \
    --replicas 1 \
    --constraint=node.role==manager \
    --network wp \
    --secret source=root_db_password,target=root_db_password \
    --secret source=wp_db_password,target=wp_db_password \
    -e MYSQL_ROOT_PASSWORD_FILE=/run/secrets/root_db_password \
    -e MYSQL_PASSWORD_FILE=/run/secrets/wp_db_password \
    -e MYSQL_USER=wp \
    -e MYSQL_DATABASE=wp \
    mariadb:10.3

$ docker service ps mariadb
```

```
~ $ docker service create \
>     --name mariadb \
>     --replicas 1 \
>     --constraint=node.role==manager \
>     --network wp \
>     --secret source=root_db_password,target=root_db_password \
>     --secret source=wp_db_password,target=wp_db_password \
>     -e MYSQL_ROOT_PASSWORD_FILE=/run/secrets/root_db_password \
>     -e MYSQL_PASSWORD_FILE=/run/secrets/wp_db_password \
>     -e MYSQL_USER=wp \
>     -e MYSQL_DATABASE=wp \
>     mariadb:10.3
tdt8rl4t08i3lgd2o2lruswqj
overall progress: 1 out of 1 tasks
1/1: running   [==================================================>]
verify: Service converged
~ $ docker service ps mariadb
ID                 NAME          IMAGE           NODE                      DESIRED STATE    CURRENT STATE
ERROR              PORTS
m9asx6cp4qqr       mariadb.1     mariadb:10.3    ip-172-31-11-161.ec2.internal  Running     Running 13 seconds ago
```

現在，已經準備好資料庫，接著要建立 WordPress 服務；我們將會利用一些在前面 **mariadb** 服務所使用的 secrets 和網路，但是此時我們將會建立 3 個複本，然後檢查服務的狀態，以確保能被正確地執行：

```
$ docker service create \
    --name wp \
    --constraint=node.role==worker \
    --replicas 3 \
    --network wp \
    --publish 80:80 \
    --secret source=wp_db_password,target=wp_db_password,mode=0400 \
    -e WORDPRESS_DB_USER=wp \
    -e WORDPRESS_DB_PASSWORD_FILE=/run/secrets/wp_db_password \
    -e WORDPRESS_DB_HOST=mariadb \
    -e WORDPRESS_DB_NAME=wp \
    wordpress:4.9

$ docker service ps wp
```

```
~ $ docker service create \
>    --name wp \
>    --constraint=node.role==worker \
>    --replicas 3 \
>    --network wp \
>    --publish 80:80 \
>    --secret source=wp_db_password,target=wp_db_password,mode=0400 \
>    -e WORDPRESS_DB_USER=wp \
>    -e WORDPRESS_DB_PASSWORD_FILE=/run/secrets/wp_db_password \
>    -e WORDPRESS_DB_HOST=mariadb \
>    -e WORDPRESS_DB_NAME=wp \
>    wordpress:4.9
le6yypepSnbzvnaywwgdzchfo
overall progress: 3 out of 3 tasks
1/3: running   [==================================================>]
2/3: running   [==================================================>]
3/3: running   [==================================================>]
verify: Service converged
~ $ docker service ps wp
ID             NAME     IMAGE           NODE                      DESIRED STATE    CURRENT STATE             ERROR
                  PORTS
u7flntszlcpd   wp.1     wordpress:4.9   ip-172-31-41-4.ec2.internal    Running      Running 12 seconds ago

yllek0thbnfg   wp.2     wordpress:4.9   ip-172-31-41-4.ec2.internal    Running      Running 10 seconds ago

f54jistl5k6e   wp.3     wordpress:4.9   ip-172-31-41-4.ec2.internal    Running      Running 10 seconds ago
```

現在，我們已經讓 WordPress 服務完成建置與順利執行了，請使用你慣用的瀏覽器連線檢查看看是否正確。

為了要找出正確的 URL，請回到 CloudFormation 的「**Outputs**」頁籤，但這一次要看的是「**DefaultDNSTarget**」，請複製這個值，然後貼到瀏覽器中：

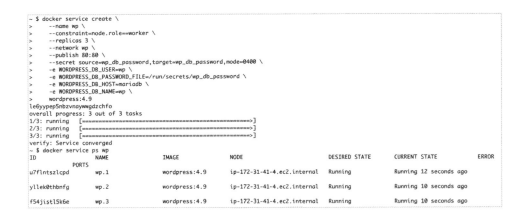

成功！就如你所看到的，這個服務已經順利被建立及啟用：

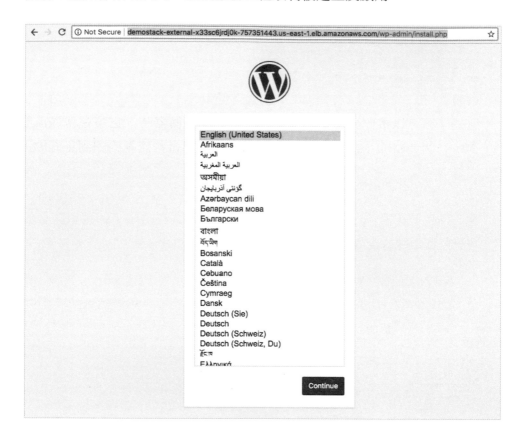

 如果你沒打算完成這個安裝精靈，請移除或中止這個服務，不然的話，別人就有可能會幫你完成它，然後接管你的 WordPress 安裝作業。

◎ 如何辦到的

在這個訣竅中建立了 2 個新的服務，其中之一是資料庫，用來儲存其他網站服務的資訊。我們使用 secrets 以保護密碼，然後使用這些密碼取代直接把密碼寫在映像檔中，或是把密碼放在環境變數中的方式。

我們也在這個應用程式中建立了一個自訂的覆疊網路，因此這 2 個服務就可以在彼此之間進行通訊，它們可以橫跨 cluster，而且流量也會在預設的情況中被以加密的方式傳輸，這表示在兩個服務之間的通訊是安全的。

Docker for AWS 有一個服務用來監聽被加入到 Swarm 的新服務，當一個新的服務有一個連接埠被曝出時，它將會自動地組態外部的負載平衡器以讓這個服務可以接收到流量。當某人到了負載平衡器時，它將會傳送流量到其中一個 Swarm manager，然後 Swarm 就會把這些流量路由到正確的主機和容器。

◉ 補充資訊

在前面的這個訣竅中，我們只接受來自於 HTTP 的流量。對於 AWS 而言，你可以使用 **AWS Certificate Manager（ACM）**取得一個免費的 SSL/TLS 憑證，而如果你已經有了其中的一個，就可以組態負載平衡器以及 Docker for AWS 使其也可以支援 SSL/TLS 流量。以下這個網頁中有更多相關的資訊指示你如何去做：

https://docs.docker.com/docker-for-aws/load-balancer/

如果打算關閉這些服務，只要把它們從 Swarm 中移除，如此就會讓網站直接關閉：

```
$ docker service rm wp
$ docker service rm mariadb
```

```
~ $ docker service ls
ID              NAME        MODE         REPLICAS    IMAGE            PORTS
tdt8rl4t08i3    mariadb     replicated   1/1         mariadb:10.3
le6yypep5nbz    wp          replicated   3/3         wordpress:4.9    *:80->80/tcp
~ $ docker service rm wp
wp
~ $ docker service rm mariadb
mariadb
~ $ docker service ls
ID              NAME        MODE         REPLICAS    IMAGE            PORTS
~ $
```

Docker for Azure

Microsoft Azure 是用來建立、測試、部署、以及管理應用程式的雲端計算平台。目前是緊接在 Amazon 後第二受歡迎的雲端平台。在這個訣竅中，我們將討論如何安裝 Docker for Azure，這是 Docker 所提供的一個產品，讓我們便於利用 Azure 簡單地建立並執行一個 Docker 的原生 stack。

◉ 備妥

在開始之前，有一些需要做的事情：

* 以管理權限的方式存取 Microsoft Azure 帳戶。

* 一個 SSH key，讓你可以用來存取 Docker for Azure Manager 節點。

* 一個 Azure **Service Principal（SP）**，它被 Docker for Azure 用來進行 Azure API 的授權。

使用它們提供的 Docker 映像檔可以很簡單地建立一個 Service Principal。請依照以下的步驟以建立一個 Service Principal。第一件需要做的事是執行 Docker 映像檔，傳遞一些參數：

```
$ docker container run -ti docker4x/create-sp-azure [sp-name] [rg-name rg-region]
```

* `sp-name`：service principal 的名稱（例如：`sp1`）。

* `rg-name`：新資源群組的名稱（例如：`swarm1`），當部署 Docker for Azure 時會被用到。

* `re-region`：當資源群組建立時所使用的 Azure 區域名稱（例如：`eastus`）。所有可以使用的區域列表，請參考這個網頁：

  https://azure.microsoft.com/en-us/global-infrastructure/regions/

```
$ docker container run -ti docker4x/create-sp-azure:latest sp1 swarm1 eastus
info:     Executing command login
-info:      To sign in, use a web browser to open the page https://microsoft.com/devicelogin and enter the code AWAX778WP to authenticate.
/info:     Added subscription Free Trial
info:     Setting subscription "Free Trial" as default
+
info:     login command OK
The following subscriptions were retrieved from your Azure account
1) ▓▓▓▓▓▓▓▓▓▓▓▓▓▓▓▓▓▓▓▓▓0475a:Free_Trial
Please select the subscription option number to use for Docker swarm resources: 1
Using subscription ▓▓▓▓▓▓▓▓▓▓▓▓▓▓▓▓▓▓▓0475a
info:     Executing command account set
info:     Setting subscription to "Free Trial" with id "▓▓▓▓▓▓▓▓▓▓▓▓▓▓▓▓▓▓0475a".
info:     Changes saved
info:     account set command OK
```

接下來它會要求你造訪一個網頁，然後輸入驗證碼。這是用來驗證你的帳
戶，並連接到 Docker 容器，如此才可以讓它完成 Service Principal 的建立
作業：

一旦完成之後，你應該會看到你的 Service Principal 認證。請把這些資訊儲
存在一個安全的地方，不久之後就會用到：

```
Your access credentials ═══════════════════════════════════════════════
AD ServicePrincipal App ID:       ▓▓▓▓▓▓▓▓▓▓▓▓▓▓▓▓▓87330c7a7c41
AD ServicePrincipal App Secret:   Belif▓▓▓▓▓▓▓▓▓▓▓▓▓▓▓LQq
AD ServicePrincipal Tenant ID:    78e7fa7▓▓▓▓▓▓▓▓▓▓▓▓▓▓3d732
Resource Group Name:              swarm1
Resource Group Location:          eastus
$ █
```

⊙ 如何做

Docker for Azure 使用 Azure Resource Manager （ARM）去建立所有需要的資源。

開啟如下所示的網頁，然後選擇「**Stable channel**」版號：

https://docs.docker.com/docker-for-azure/

Docker Community Edition (CE) for Azure

Quickstart

If your account has the proper permissions, you can generate the Service Principal and then choose from the stable or edge channel to bootstrap Docker for Azure using Azure Resource Manager. For more about stable and edge channels, see the FAQs.

Stable channel

This deployment is fully baked and tested, and comes with the latest CE version of Docker.

This is the best channel to use if you want a reliable platform to work with.

Stable is released quarterly and is for users that want an easier-to-maintain release pace.

Edge channel

This deployment offers cutting edge features of the CE version of Docker and comes with experimental features turned on, described in the Docker Experimental Features README on GitHub. (Adjust the branch or tag in the URL to match your version.)

This is the best channel to use if you want to experiment with features under development, and can weather some instability and bugs. Edge is for users wanting a drop of the latest and greatest features every month

We collect usage data on edges across the board.

| Deploy Docker Community Edition (CE) for Azure (stable) | Deploy Docker Community Edition (CE) for Azure (edge) |

這將會引導你前往 Azure 入口網站，然後使用 Docker for Azure ARM 模板啟動一個自訂的部署。新增在前面所取得的 Service Principal 驗證資料，並回答其他的問題。不要忘了要包含你的 SSH public key。當表單完成之後，請選擇「**I agree...**」核取方塊，然後點擊「**Purchase**」按鈕：

如此將會建立你需要的資源，而且會顯示你的部署進度：

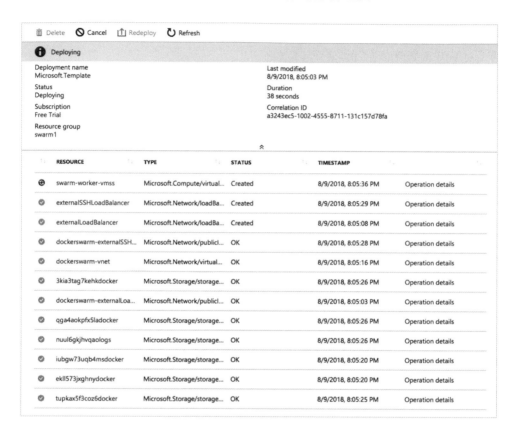

當全部完成之後，請點擊「**Outputs**」頁籤，然後注意這 3 個輸出，這些你在後面會需要用到。請複製「**SSH TARGETS**」中的值，然後在新的瀏覽器視窗中開啟它：

這是在你的 Swarm 中的 Manager nodes 列表。要連線到這個 node，可以使用 SSH 連線到這些目標 IP 位置，其在該 CustomTCP 連接埠上：

使用這些資源，讓我們以 SSH 的方式連線到 Manager，以確保它們可以順利地運作在 Swarm 中所列出的節點：

```
$ ssh -p 50000 docker@40.76.49.102
$ docker node ls
```

```
$ ssh -p 50000 docker@40.76.49.102
The authenticity of host '[40.76.49.102]:50000 ([40.76.49.102]:50000)' can't be established.
RSA key fingerprint is SHA256:8cP3sMieWootHG+U/4Ih7NGu/JyWPt/QyN19f89vRa4.
Are you sure you want to continue connecting (yes/no)? yes
Warning: Permanently added '[40.76.49.102]:50000' (RSA) to the list of known hosts.
Welcome to Docker!
swarm-manager000000:~$ docker node ls
ID                         HOSTNAME             STATUS    AVAILABILITY    MANAGER STATUS    ENGINE VERSION
semtexkaeb58zoz8q916114ip *  swarm-manager000000  Ready     Active          Leader            18.03.0-ce
fkj4998h9uuhhc1v2qyh87q8n    swarm-worker000000   Ready     Active                            18.03.0-ce
swarm-manager000000:~$
```

如果一切均進行順利，你應該可以看到列出了所有的 manager 以及 worker 節點，其 Status 均為 Ready。

 當你 SSH 到 swarm manager 時，你並不是真的直接登入到 Azure 的主機中，你所登入的是一個特殊的 SSH 容器，這個容器 是運作在主機上。

◉ 如何辦到的

Docker for Azure 有一個 **Azure Resource Manager**（**ARM**）模板，當套用這個模板時，將會建立所有在 Azure 上需要的資源，然後把它們組態在一起以建立出 Swarm cluster。Docker for Azure 使用 Service Principal 去呼叫需要的 API 來組態所有的節點，等 cluster 建立並執行之後即可進行管理。

◉ 補充資訊

當想要移除 Docker for Azure 時，需進入 Azure 入口網站找到 deployment，選取所有的資源，然後刪除它們：

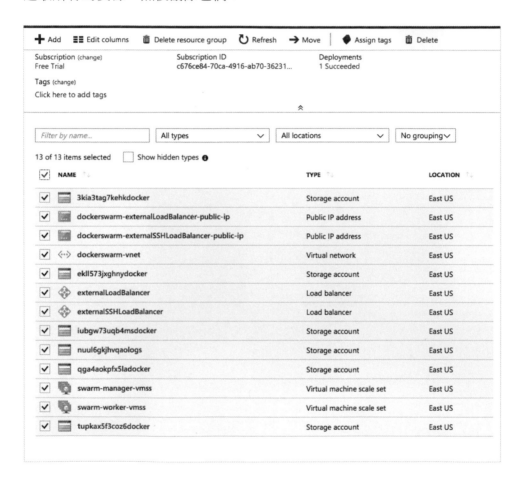

以下是用來確認所有你想要移除的資源是否正確的畫面：

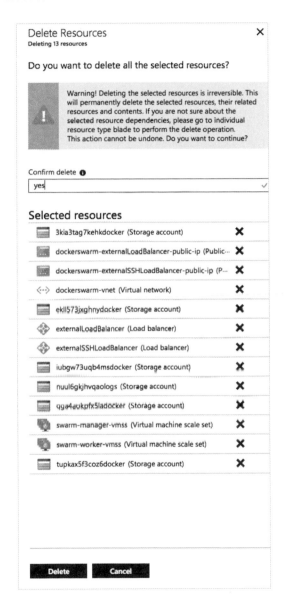

 因為有一些資源的相依性，可能會有一些你想要移除的資源要等它們的相依性解除之後才能夠順利移除。這表示你可能需要做幾次刪除的操作才能夠把所有的資源都移除。

◉ 可參閱

- Docker for Azure 的說明文件：

  https://docs.docker.com/docker-for-azure/

- 如何升級 Docker for Azure：

  https://docs.docker.com/docker-for-azure/upgrade/

- 使用永久性的資料儲存：

  https://docs.docker.com/docker-for-azure/persistent-data-volumes/

 # 在 Docker for Azure 上部署 Joomla! ....

現在已經有一個啟用中的 Docker for Azure 順利運行中，讓我們來看看如何部署一個應用程式。在這個訣竅中將會在 Docker for Azure 上安裝 Joomla!，這是一個受歡迎的開源 CMS 系統。

◉ 備妥

在我們開始之前，有一些需要的前置作業：

1. 你需要有一個 Docker for Azure stack 已經順利地設置以及執行，也就是前一個訣竅中所做的操作。

2. 使用 SSH 連線到 manager nodes，如何 SSH 的方式在前面的訣竅中也有說明。

◉ 如何做

一旦登入其中一個管理節點，首先要做的事是建立一些 Swarm secrets，用來作為資料庫的密碼：

```
$ echo "DbP@SSwod1" | docker secret create root_db_password -
$ echo "myJ000mlaPw" | docker secret create jm_db_password -
```

```
swarm-manager000000:~$ echo "DbP@SSwod1" | docker secret create root_db_password -
scx18b5ymg6lcm33ampundyis
swarm-manager000000:~$ echo "myJ000mlaPw" | docker secret create jm_db_password -
p7sw1ybwsj71lfc8a2nfpxo3w
```

以下的指令是用來確認是否已經正確地加入 secrets：

```
$ docker secret ls
```

```
swarm-manager000000:~$ docker secret ls
ID                          NAME               DRIVER        CREATED           UPDATED
p7sw1ybwsj71lfc8a2nfpxo3w   jm_db_password                   29 seconds ago    29 seconds ago
scx18b5ymg6lcm33ampundyis   root_db_password                 35 seconds ago    35 seconds ago
swarm-manager000000:~$
```

看起來沒問題。讓我們建立一個自訂的覆疊網路，使得我們在 cluster 中的
服務可以彼此之間透過加密的連線進行通訊：

```
$ docker network create -d overlay joomla
$ docker network ls
```

```
swarm-manager000000:~$ docker network create -d overlay joomla
5cwachpwzluhnkti7iophhha0
swarm-manager000000:~$ docker network ls
NETWORK ID       NAME               DRIVER       SCOPE
bb9047293be9     bridge             bridge       local
be27b6154ed2     docker_gwbridge    bridge       local
b46cc377aae4     host               host         local
umn019xvkjpo     ingress            overlay      swarm
5cwachpwzluh     joomla             overlay      swarm
3970275e1638     none               null         local
swarm-manager000000:~$
```

一切準備妥當，可以開始加入我們的服務了。Joomla! 需要資料庫，因此要建
立一個 MariaDB 服務，然後使用剛剛所建立的網路，以及 secrets 作為密碼：

```
$ docker service create \
    --name mariadb \
    --replicas 1 \
    --constraint=node.role==manager \
    --network joomla \
    --secret source=root_db_password,target=root_db_password \
    --secret source=jm_db_password,target=jm_db_password \
    -e MYSQL_ROOT_PASSWORD_FILE=/run/secrets/root_db_password \
    -e MYSQL_PASSWORD_FILE=/run/secrets/jm_db_password \
    -e MYSQL_USER=joomla \
    -e MYSQL_DATABASE=joomla \
    mariadb:10.3
```

```
swarm-manager000000:~$ docker service create \
>       --name mariadb \
>       --replicas 1 \
>       --constraint=node.role==manager \
>       --network joomla \
>       --secret source=root_db_password,target=root_db_password \
>       --secret source=jm_db_password,target=jm_db_password \
>       -e MYSQL_ROOT_PASSWORD_FILE=/run/secrets/root_db_password \
>       -e MYSQL_PASSWORD_FILE=/run/secrets/jm_db_password \
>       -e MYSQL_USER=joomla \
>       -e MYSQL_DATABASE=joomla \
>       mariadb:10.3
nqhieraf l7cb2bthtbtu38buf
overall progress: 1 out of 1 tasks
1/1: running   [==================================================>]
verify: Service converged
swarm-manager000000:~$ █
```

現在所有的相依關係都已經建立完畢,可以加入 Joomla! 服務了。我們將
使用和之前一樣的網路,但是要留意的是,我們是以環境變數的方式傳遞
資料庫密碼而不是使用之前建立的 Docker Sercet。這是因為 Joomla! 映像
檔目前並不支援 secrets,但是希望很快地它們就能夠把這個功能加進去,
到時我們才可以使用 secret 的方式:

```
$ docker service create \
 --name joomla \
 --constraint=node.role==manager \
 --replicas 1 \
 --network joomla \
```

```
--publish 80:80 \
-e JOOMLA_DB_USER=joomla \
-e JOOMLA_DB_PASSWORD="myJ000mlaPw" \
-e JOOMLA_DB_HOST=mariadb \
-e JOOMLA_DB_NAME=joomla \
joomla:3.8
```

```
swarm-manager000000:~$ docker service create \
>       --name joomla \
>       --constraint=node.role==manager \
>       --replicas 1 \
>       --network joomla \
>       --publish 80:80 \
>       -e JOOMLA_DB_USER=joomla \
>       -e JOOMLA_DB_PASSWORD="myJ000mlaPw" \
>       -e JOOMLA_DB_HOST=mariadb \
>       -e JOOMLA_DB_NAME=joomla \
>       joomla:3.8
b76xq3mtoqt19w6x10w59dw0j
overall progress: 1 out of 1 tasks
1/1: running   [==============================================>]
verify: Service converged
swarm-manager000000:~$ █
```

現在應該有兩個 service 是完成建置並執行中，來檢查一下：

```
$ docker service ls
```

```
swarm-manager000000:~$ docker service ls
ID              NAME        MODE         REPLICAS      IMAGE          PORTS
b76xq3mtoqt1    joomla      replicated   1/1           joomla:3.8     *:80->80/tcp
nqhieraf17cb    mariadb     replicated   1/1           mariadb:10.3
swarm-manager000000:~$ █
```

看起來沒問題。讓我們來看看如何連線到這個 service。如果你還記得，當在部署 Docker for Azure 時，那時候有一些輸出資訊。其中兩個是 APPURL 以及 DEFAULTDNSTARGET。前者是負載平衡器的 URL，後者則是這個 stack 的公開 IP 位址。你可以把這些值拿去設定在你的網址之 DNS 紀錄中：

如果你在瀏覽器中輸入其中的一個位址，應該可以看到 Joomla! 組態頁面。
出現如下圖畫面就表示安裝是成功的：

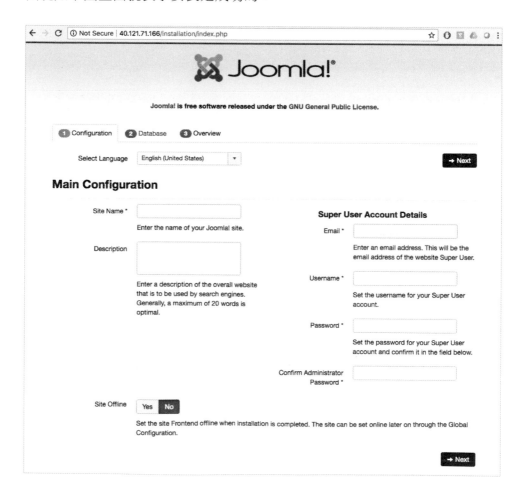

如果你不打算馬上完成這個安裝精靈,請移除或中止這個服務,不然的話,其他的人可能就會幫你完成它,然後接管你的 oomla! 網站。

◉ 如何辦到的

這個訣竅中,我們建立了兩個新服務。其中一個是資料庫用來儲存 Joomla! 服務的相關資訊。我們使用 secret 去保護密碼,而且使用這些 secrets 作為資料庫的密碼以取代直接把密碼硬寫在映像檔中,而我們使用環境變數的方式傳遞密碼到 Joomla! 服務。

我們也為應用程式建立了一個自訂的覆疊網路,使得在 cluster 中的兩個服務可以彼此之間進行溝通。預設的情況下它們之間的通訊是加密的,這表示在兩個服務之間的通訊是安全的。

Docker for Azure 有一個服務是可以監聽是否有新的服務被加入 Swarm。當一個新的服務之連接埠公開之後,它會自動地組態一個外部的負載平衡器以接受前往這個服務的流量。當有流量到達負載平衡器時,它會把流量導向其中一個 Swarm 管理者,然後 Swarm 將會把這些流量路由到正確的主機和容器。

◉ 可參閱

- Docker for Azure 部署說明文件:

  https://docs.docker.com/docker-for-azure/deploy/

Docker 工作現場實戰寶典

作　　者：Ken Cochrane, Jeeva S. Chelladhurai, Nee
譯　　者：何敏煌
企劃編輯：莊吳行世
文字編輯：江雅鈴
設計裝幀：張寶莉
發 行 人：廖文良

發 行 所：碁峰資訊股份有限公司
地　　址：台北市南港區三重路 66 號 7 樓之 6
電　　話：(02)2788-2408
傳　　真：(02)8192-4433
網　　站：www.gotop.com.tw
書　　號：ACA025200
版　　次：2019 年 03 月初版
建議售價：NT$520

國家圖書館出版品預行編目資料

Docker 工作現場實戰寶典 / Ken Cochrane, Jeeva S. Chelladhurai,
　Nee 原著；何敏煌譯. -- 初版. -- 臺北市：碁峰資訊, 2019.03
　　面　；　公分
　　譯自：Docker Cookbook: over 100 practical and insightful
recipes to build distributed applications with Docker
　　ISBN 978-986-502-063-7(平裝)
　　1.作業系統
312.54　　　　　　　　　　　　　　　　　　108002303

讀者服務

● 感謝您購買碁峰圖書，如果您
　對本書的內容或表達上有不清
　楚的地方或其他建議，請至碁
　峰網站：「聯絡我們」\「圖書問
　題」留下您所購買之書籍及問
　題。(請註明購買書籍之書號及
　書名，以及問題頁數，以便能
　儘快為您處理)
　http://www.gotop.com.tw

● 售後服務僅限書籍本身內容，
　若是軟、硬體問題，請您直接
　與軟體廠商聯絡。

● 若於購買書籍後發現有破損、
　缺頁、裝訂錯誤之問題，請直
　接將書寄回更換，並註明您的
　姓名、連絡電話及地址，將有
　專人與您連絡補寄商品。